本书受到国家社会科学基金资助（批准号：14BJY150）

主体功能区

生态预算绩效评价体系研究

石意如／著

ZHUTI GONGNENGQU

SHENGTAI YUSUAN JIXIAO

PINGJIA TIXI YANJIU

西南财经大学出版社

四川·成都

图书在版编目(CIP)数据

主体功能区生态预算绩效评价体系研究/石意如著 . —成都:西南财经
大学出版社,2020. 6

ISBN 978-7-5504-3119-5

Ⅰ.①主… Ⅱ.①石… Ⅲ.①区域环境管理—预算—经济绩效—经
济评价—研究—中国 Ⅳ.①X321.2

中国版本图书馆 CIP 数据核字(2020)第 036467 号

主体功能区生态预算绩效评价体系研究

石意如 著

责任编辑:植苗

封面设计:墨创文化

责任印制:朱曼丽

出版发行	西南财经大学出版社(四川省成都市光华村街 55 号)
网 址	http://www. bookcj. com
电子邮件	bookcj@ foxmail. com
邮政编码	610074
电 话	028-87353785
照 排	四川胜翔数码印务设计有限公司
印 刷	郫县犀浦印刷厂
成品尺寸	170mm×240mm
印 张	14
字 数	267 千字
版 次	2020 年 6 月第 1 版
印 次	2020 年 6 月第 1 次印刷
书 号	ISBN 978-7-5504-3119-5
定 价	88.00 元

前言

　　制定并实施《全国主体功能区规划》，是推进生态文明建设的战略举措，是一个多层面、多维度差异化和系统化协调的系统工程，对我国国土空间的利用与开发具有基础约束性作用。国家层面、各级政府加快推进主体功能区建设，基本形成了多层次的主体功能区建设格局。但是当前各级政府、各地区立足主体功能区管理自然资源环境的效率比较低下，且较长时期没有显著提升，这与主体功能区自然资源环境管理绩效评价体系缺位有一定关系。本书以此作为研究对象，试图构建主体功能区生态预算绩效评价体系，通过以评促建、以评促改，促进主体功能区建设完整的生态预算系统，打破传统行政区各自为政的不协调的生态管理模式，统筹协调预算经济发展资金、社会治理资金与生态管理资金，保障主体功能区经济子系统、社会子系统与生态子系统可持续高效协调发展，为主体功能区生态预算绩效评价提供一种思路。

　　主体功能区生态预算绩效评价体系研究是一个涉及预算、绩效评价、空间地理、环境与资源及可持续发展等多领域的交叉学科问题。有部分学者针对主体功能区绩效评价开展研究，但是从预算视角去研究主体功能区绩效评价的文献比较少见。本书在详细梳理国家主体功能区规划、"十二五"规划、"十三五"规划对主体功能区绩效评价的有关阐述的基础上，结合生态预算绩效评价的国内外研究现状，结合可持续发展理论、自然资本理论、府际治理理论与系统协调理论的研究成果，比较系统地研究生态预算视角下的主体功能区绩效评价：从评价目标、评价原则与评价主线入手，构建主体功能区生态预算绩效评价的基本模型；在构建主体功能区生态预算绩效评价基本模型的基础上，从预算决策绩效、预算执行绩效、预算报告绩效与预算合作绩效等角度，设计主体功能区生态预算系统静态绩效评价指标；从主体功能区经济发展、社会治理与生态管理 3 个维度设计生态预算动态绩效评价指标；从主体功能区生态预算绩效的评价标准、生态预算绩效的独立审计制度以及问责机制 3 个方面实施主体功能区生态预算绩效评价体系的保障措施。

本书在构建主体功能区生态预算绩效评价基本理论模型的基础上，针对四类主体功能区初步设计了差异化的生态预算绩效评价指标。本书论证评价指标时主要采用专家访谈法，确定绩效评价指标权重时主要采用专家打分法和层次分析法。在设计长江三角洲地区5市应用优先开发区生态预算绩效评价指标、广西壮族自治区北部湾经济区4市应用重点开发区生态预算绩效评价指标、桂西资源富集区河池市10县应用限制开发区生态预算绩效评价指标时，采用问卷调查法、小组访谈法等，并在此基础上开展实证研究。最后，本书针对优先开发区、重点开发区与限制开发区，从制度完善、生态预算系统优化、绩效的提升等方面提出政策建议。

石意如

2020 年 2 月

目　录

第一章　绪论

第一节　本书的研究意义、研究思路及内容

一、研究的意义

本书构建了主体功能区生态预算绩效评价体系，以促进主体功能区建设完整的生态预算系统，打破传统行政区各自为政的不协调生态管理模式，统筹协调预算经济发展资金、社会治理资金与生态管理资金，具有一定的理论与实践价值。

（1）理论价值。本书打破了以行政区为生态预算绩效评价单元的传统，提出从主体功能区视角设计生态预算绩效评价体系，在为主体功能区生态预算绩效评价提供一种思路的同时，为主体功能区生态预算绩效评价提供更多的理论支撑。

（2）实践价值。本书通过以评促改、以评促建，促进主体功能区构建科学的生态预算系统，保障主体功能区经济子系统、社会子系统与生态子系统可持续高效协调发展。

二、研究的思路与内容

（一）研究思路

首先，把握国内外研究现状。通过文献检索、参加学术交流活动等方式，了解生态预算绩效评价的国内外研究现状，比较主体功能区生态预算绩效与行政区生态预算绩效，主体功能区绩效、生态绩效与政府绩效的区别与联系。

其次，构建主体功能区生态预算绩效评价指标体系。从评价目标、评价原则与评价主线入手，构建主体功能区生态预算绩效评价的基本模型。在构建主体功能区生态预算绩效评价基本模型的基础上，从预算决策绩效、预算执行绩

效、预算报告绩效与预算合作绩效等角度，设计主体功能区生态预算系统静态绩效评价指标体系。从主体功能区经济发展、社会治理与生态管理资金预算等方面来设计动态预算绩效评价指标，并结合主体功能区的不同定位来确定应用主体功能区生态预算绩效评价指标体系时各指标的取舍标准与各指标的权重。

再次，提出实施主体功能区生态预算绩效评价的保障措施。从主体功能区生态预算绩效的评价标准、生态预算绩效的独立审计制度以及问责机制3个方面提出实施主体功能区生态预算绩效评价体系的保障措施。

最后，应用主体功能区生态预算绩效评价体系。在长江三角洲地区5市应用优先开发区生态预算绩效评价指标、广西壮族自治区北部湾经济区4市应用重点开发区生态预算绩效评价指标、桂西资源富集区河池市10县应用限制开发区生态预算绩效评价指标，并就主体功能区生态预算绩效评价发现的共性问题从理论层面提出建议，就长江三角洲地区5市、广西壮族自治区北部湾经济区4市、桂西资源富集区河池市10县生态预算提出具体措施。

（二）研究内容

1. 主体功能区生态预算绩效评价的基本模型

（1）分析影响主体功能区生态预算绩效评价的4个关键因素（主体功能区绩效、政府预算绩效评价的标准、主体功能区生态预算系统和主体功能区生态预算主体），并分析这4个因素对主体功能区生态预算绩效评价的影响机理。

（2）生态预算绩效评价的目标，是以科学发展观为统领，实现主体功能区经济子系统、社会子系统与生态子系统的可持续高效协调发展。

（3）生态预算绩效评价原则。生态预算绩效评价原则主要包括强调生态绩效优于经济绩效，主体功能区绩效优于政府绩效、部门绩效，第三方独立评价优于自我评价，不同主体功能区采取差异化绩效评价标准。

（4）主体功能区生态预算绩效评价指标体系。主体功能区生态预算绩效评价指标体系主要沿着两条主线设计：①从预算程序角度评价生态预算决策绩效、执行绩效、报告绩效与合作绩效；②从预算产出和效果角度评价经济发展资金、社会治理资金与生态环境管理资金的生态投入产出预算绩效，以及主体功能区协调发展程度与居民幸福指数。

2. 主体功能区生态预算系统静态绩效的定性评价

主体功能区生态预算系统静态绩效的定性评价主要针对主体功能区生态预算程序进行，任何类型的主体功能区都必须进行这类评价。

（1）设计静态评价指标。①生态预算决策绩效评价指标。本书具体从生态预算的顶层制度安排和主体功能区生态预算系统的结构是否科学、层次是否合理两个维度来设计评价指标。②生态预算系统执行绩效评价指标。本书具体从主体功能区的经济发展资金、社会管理资金、人民生活资金与资源环境资金的执行过程及执行结果绩效来设计评价指标。③生态预算系统报告绩效评价指标。本书具体从预算信息报告形式、预算信息的真实程度、预算信息的透明程度来设计评价指标。④生态预算系统合作绩效评价指标。本书具体从生态预算系统中的预算决策子系统、预算执行子系统、预算报告子系统的合作绩效，生态经济预算子系统、生态社会预算子系统与生态资源预算子系统的合作绩效，主体功能区生态预算系统内部子系统的合作绩效以及主体功能区生态预算系统与其他主体功能区生态预算系统的合作绩效来设计评价指标。

（2）在专家打分法的基础上，采取层次分析法确定各指标在整个评价指标体系中的权重，并通过问卷调查获取各指标值。

3. 主体功能区生态预算系统动态绩效的定量评价

定量评价指标主要评价主体功能区生态预算资金的投入产出效率。

（1）设计动态绩效评价指标。①经济发展资金预算绩效评价。本书主要从人均 GDP（国内生产总值）年增长率、第三产业占 GDP 比重、科研技术服务占 GDP 比重等方面设计指标。②社会治理资金预算绩效评价。本书主要从失业人员就业率、居民恩格尔系数、人口密度等方面设计指标。③生态管理资金预算绩效评价。本书主要从废水排放达标率、城市绿化覆盖率、万元 GDP 能耗下降率以及空气质量等方面设计指标。

（2）结合各主体功能区定位差别选取评价指标，确定指标权重。优先开发区和重点开发区应突出经济发展与社会治理，限制开发区和禁止开发区应突出环境管理与社会治理。

4. 主体功能区生态预算绩效评价的配套制度安排

本书主要从预算绩效评价标准、预算绩效独立审计和问责 3 个方面提出主体功能区生态预算绩效评价的配套制度，以保证生态预算评价有标准可循、预算绩效评价结果能有效落实与应用。

（1）主体功能区生态预算绩效评价标准的构建。主体功能区生态预算绩效评价标准的设计应以经济子系统、社会子系统与生态子系统协调发展为前提，在此基础上，优先开发区的评价标准应突出经济发展，重点开发区的评价标准应突出社会管理，而限制开发区与禁止开发区的评价标准应突出生态环境管理。

（2）主体功能区生态预算绩效独立审计制度安排。本书主要从主体功能区生态预算绩效审计主体及其责任、审计标准与独立审计程序以及审计实施等方面设计独立审计制度。

（3）主体功能区生态预算绩效问责机制分析。本书主要分析问责机制与评价体系的融合以及问责主体、问责内容与问责方式。

第二节　本书的研究方法与技术路线

一、研究方法

（一）规范性分析与实证分析相结合的方法

设计主体功能区生态预算绩效评价指标体系时采用规范性分析。结合不同类型的主体功能区绩效评价指标的权重采用实证分析法，其中主要采用层次分析法。

（二）案例分析与统计分析相结合的方法

设计生态预算绩效评价体系在长江三角洲地区、广西壮族自治区北部湾经济区、桂西资源富集区应用时采用案例研究方法。具体计算长江三角洲地区、广西壮族自治区北部湾经济区、桂西资源富集区中各主体功能区的生态预算绩效指标值和生态预算绩效值时采用统计分析方法。

（三）问卷调查与集体访谈相结合的方法

进行问卷调查时，为了保证问卷调查结果具有一定的代表性，在对被调查对象小规模集体访谈的基础上再填写问卷，实现问卷调查与集体访谈相结合。本书对长江三角洲地区5市、广西壮族自治区北部湾经济区4市、桂西资源富集区河池市10县的动态绩效评价采用这一方法。

二、技术路线

本书立足中国自然资源环境管理现状，在借鉴国外理论研究成果与成功实践经验的基础上，构建主体功能区生态预算绩效评价理论框架，设计主体功能区生态预算绩效评价指标体系，以长江三角洲地区5市、广西壮族自治区北部湾经济区4市、桂西资源富集区河池市10县为样本，分别应用优先开发区生态预算绩效评价指标、重点开发区生态预算绩效评价指标、限制开发区生态预算绩效评价指标。本书研究的详细技术路线见图1-1。本书研究分8个步骤开展实施，具体的研究步骤及研究内容计划见表1-1。

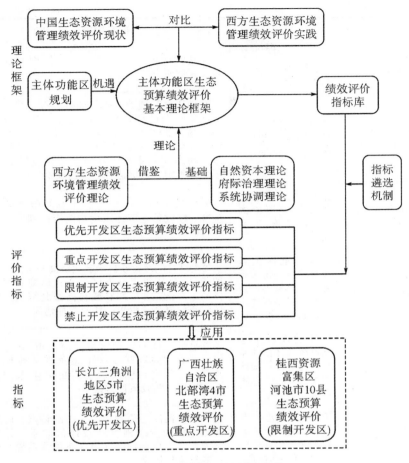

图 1-1　本书研究的技术路线

表 1-1　本书研究步骤及研究内容计划

时期	阶段	研究内容
2013 年 7 月至 2013 年 10 月	综述国内外研究成果,把握生态预算研究主线阶段	主要是通过文献检索、参加学术交流活动等方式,了解生态预算绩效评价的国内外研究现状,比较主体功能区生态预算绩效与政府生态预算绩效,主体功能区绩效、生态绩效与政府绩效的区别及联系
2013 年 11 月至 2014 年 2 月	形成主体功能区生态预算绩效评价基本思路阶段	主要是设计研究思路,研究包括主体功能区生态预算绩效评价基本模型、绩效评价指标体系、绩效评价的保障措施在内的主体功能区生态预算绩效评价体系

表1-1(续)

时期	阶段	研究内容
2014年3月至2015年9月	主体功能区生态预算绩效评价模型研究阶段	主要是对评价目标、评价基本原则与评价主线开展研究
2015年10月至2016年10月	主体功能区生态预算绩效评价指标体系设计阶段	主要是从决策绩效、执行绩效、报告绩效与合作绩效来设计评价主体功能区生态预算静态绩效的指标;从经济发展资金、社会治理资金与生态管理资金来设计评价生态预算动态绩效指标,并结合主体功能区的定位来确定各指标遴选标准与权重
2016年11月至2017年5月	主体功能区生态预算绩效评价的保障措施研究阶段	主要是从主体功能区生态预算绩效的评价标准、绩效独立审计制度与问责机制等方面进行研究
2017年6月至2017年12月	主体功能区生态预算绩效评价体系在广西壮族自治区北部湾经济区4市应用研究阶段	主要是结合广西壮族自治区北部湾经济区4市的特点,应用重点开发区生态预算绩效评价体系,并就完善广西壮族自治区北部湾经济区生态预算系统提出一些政策性建议
2018年1月至2018年5月	主体功能区生态预算绩效评价体系在桂西资源富集区河池市10县应用研究阶段	主要是结合桂西资源富集区河池市10县的特点,应用限制开发区生态预算绩效评价体系,并就完善桂西资源富集区生态预算系统提出一些政策性建议
2018年6月至2019年3月	主体功能区生态预算绩效评价体系在长江三角洲地区5市应用研究阶段	主要结合长江三角洲地区5市的特点,应用优先开发区生态预算绩效评价体系,并就完善长江三角洲地区5市生态预算系统提出一些政策性建议

第三节　本书的创新之处

本书既有一定的理论创新,也有实践创新。

一、理论创新

生态预算绩效评价一般立足于传统行政区,强调以政府为单元的生态预算绩效。主体功能区生态预算绩效评价体系的提出,拓宽了生态预算绩效评价的空间,也为主体功能区实施自然资源环境管理绩效评价提供了理论支撑。

二、实践创新

将生态预算绩效划分为静态绩效与动态绩效，分开设计评价指标进行评价，为各级政府站在主体功能区视角实施生态预算绩效评价提供了直接的依据。

第二章　生态环境资源管理及绩效评价文献述评

第一节　国内外预算绩效评价文献述评

一、国外预算绩效评价文献

国家治理主要是通过国家预算实现的，政府绩效评价实质是政府预算绩效评价。西方发达国家的政府预算绩效评价发展比较成熟。国外预算绩效评价文献主要集中于评价价值标准、评价方法与评价指标3个方面。

（一）政府预算绩效评价的价值标准

20 世纪初期美国政府快速扩张，很多学者开始研究如何提高政府效率的相关问题。最早关注政府效率的美国学者托马斯·伍德罗·威尔逊[1]认为，提高政府运作效率将成为研究政府预算绩效评价的重点。20 世纪 40 至 70 年代政府效率评价得到进一步强化[2]，20 世纪 60 至 80 年代胡佛委员会提出通过预算来控制政府的预算支出和提高政府的服务效率，政府效率是这一时期的主要价值评价标准。20 世纪 70 年代新公共管理理论产生，刺激政府流程再造，评价的价值标准也就从以效率为取向转变为以结果与公民为取向，新公共管理的本质是为结果而管理，其中顾客满意度非常重要[3]。由于当时顾客满意度量化比较困难，以顾客满意度为导向的预算绩效评价更多停留在理论研究层面。20 世纪 90 年代以后，当顾客满意度测量技术成熟，通过测量顾客满意度来提升政府预算绩效成为当时的主流研究方向[4]，在多国政府预算绩效评价中得到广泛应用。1993 年美国政府颁布了《政府绩效与结果法案》，从立法层面确定结果导向的预算绩效评价制度，并在行政命令中设置顾客服务标准。英国政府1998 年在《公共服务指南》中特别强调服务质量，从此以结果和顾客为导向成为政府预算绩效评价的主流价值评价标准，并一直延续至今。政府预算绩效评价的价值标准有效率、结果、兼顾效率与结果这三种标准。政府处于不同的发展阶段，将采取与之适应的价值评价标准，但是兼顾效率与结果作为政府预算绩效价值评价标准尤其是基于顾客维度评价政府预算绩效，是未来的发展趋势。

（二）政府预算绩效评价方法

当效率型政府产生时，政府预算绩效评价方法也就产生了。20 世纪中期，政府预算绩效评价主要围绕成本收益开展定性评价；20 世纪 70 年代，美国、英国、澳大利亚等发达国家将企业绩效管理方法引入政府部门[5]，在政府预算绩效评价中，逐步采用目标达成法、系统法、战略顾客法、竞争性价值法、数据包络分析法及平衡记分卡等方法[6]。当 21 世纪政府预算环境与目标发生巨大变化时，政府预算绩效评价也及时根据环境予以调整[7]。此时，作业成本法、活动管理、生命周期成本计算、战略管理会计、质量成本等适应政府预算绩效的评价方法成为研究的新领域[8]。与此同时，DEA、FDH、SEA 等定量评价方法被国外研究者逐步应用，并以政府公开的数据为基础，定量评价政府预算结果。政府预算绩效评价方法从定性评价向定量评价转变，同时发现基于单一视角评价政府预算绩效存在一定的缺陷，随后瑞典、美国、欧洲发布了顾客满意度指数模型等综合绩效评价方法[9]。瑞典的顾客满意度指数模型包括感知表现、顾客抱怨、顾客满意、顾客忠诚 4 个维度，在此基础上美国增加了感知质量维度，欧洲则增加了结构变量形象维度。政府预算绩效评价从最初的定性评价到定量评价，从采取单一评价方法到综合评价方法，并逐步广泛应用企业最新的预算绩效评价方法，方法越来越多元化，综合绩效评价方法应用越来越广泛，为政府预算绩效评价提供了强有力的工具支撑。

（三）政府预算绩效评价指标的选择

政府预算绩效评价的核心是预算绩效评价指标的设计。最初以效率为导向，从不同视角设计单一或简单的预算绩效评价指标，后以"3E"（经济、效率、效益）和"4E"（经济性、效率性、效果性、公平性）为导向设计政府预算绩效评价指标体系。学者布鲁德尼等[10]认为，从效率、效益、回应性和公平性 4 个维度评价，能同时兼顾主观评价与客观评价。考虑到政府的非营利性，博伊[11]认为效率与效果指标在政府绩效评价中必须被重视，但是选择成本指标具有一定的争议。不管是基于"3E"或"4E"设计的政府预算绩效评价指标，都属于兼顾效率与结果的政府预算绩效评价指标。在此基础上，考虑政府预算过程，唐尼等[12]提出政府预算绩效评价指标需要体现效益、过程、效率、公平、透明和责任 6 个维度。也有少数学者将政府预算绩效评价指标主要聚焦于政府活动或公共政策效率性、社会性两个方面，认为政府预算绩效评估除了追求效率性、经济性，对其技术性、专业性不可回避[13]。总而言之，学者们研究政府预算绩效评价指标是围绕政府预算绩效评价价值标准展开的，从最初的单一效率指标到仅关注预算效果，再到同时关注效率、结果与顾客等多个维度，能及时融合最新的绩效评价理念，针对预算过程与结果设计的评价指标呈现体系化，使得政府预算绩效评价指标越来越科学。

在政府预算绩效评价实践中，美国、英国与韩国的探索时间比较长，积累了比较丰富的经验，且各自具有不同的特色。1970 年，美国国际开发署设计了一种关于项目开发、设计和评价的工具——逻辑框架法模型，该模型包括条件、投入、产出、结果、环境影响等指标，后在《政府绩效与结果法案》中规定产出指标、结果指标为两种常见指标；同年，美国联邦政府责任总署在此基础上进一步设计包括投入、能力、产出、结果、效率、成本以及生产力在内的 7 个维度的评价指标。美国政府是最早基于结果导向设计预算绩效评价指标并将其法制化的国家，与此同时，美国政府非常重视将国家战略规划和绩效评价体系融合，也是全球绩效战略实践的典范之一[14]。为了改变效率战略，英国撒切尔夫人推行"竞争求质量，要重视顾客的满意度"新方案；布莱尔不断强化顾客至上理念，在 1998 年提出要充分考虑以结果为主要目标；随后英国中央政府通过的《1999 年地方政府法》要求地方政府以经济、效率、效益的方式提供持续改进的服务，达到了最佳服务效果；后来经过英国国家审计办公室反复研究咨询后，在保留和改进最佳价值指标的基础上，也积极引入战略使命、改进能力等绩效评价的软指标，创造了一个新政府绩效评价体系——全面绩效评价（CPA），并于 2002 年正式推行[15]，且成功应用该指标体系开展了 2006—2008 年政府预算绩效评价[16]。2009 年英国整合了全面绩效评价体系下的联合评价、资源使用评价、服务评价、发展方向评价以及其他检查形式的评价，建立了由地区评价和组织评价两个要素组成的全面地区评价（CAA）体系，以政府动态绩效评价为主[17]，这为政府开展预算绩效评价提供了一个全新的视角。韩国政府绩效评价在 1981 年进入新时期，1983 年韩国经济企划院编制了审查分析手册，提高了业务绩效和效率在政府绩效评价中的比重[18]。1998 年引入《机关评价制度》，1999 年实行国家开发研究评价、财政工作评价和信息化评价，2006 年韩国政府制定了《政府业务评价基本法》《政府业务评价基本法实行令》[19]，在基本法中规定了政府绩效管理的原则、计划、推进体系、政府业务评价种类和程序、政府业务评价基础建设以及绩效评价结果应用等，基本形成了综合性较强的政府业务评价系统[20]。其中，富川市是韩国应用平衡记分卡的标杆，在应用平衡记分卡改进地方政府绩效评价时取得了显著的成效。为了从政府内部提高政府部门及成员的行政管理能力和创造力，坚持以顾客为导向、提高管理效率，2004 年富川市引入平衡记分卡，试点成功之后，再组织专家对评价指标进行多次论证，并赋予权重，2005 年开始正式全面实施[21]，并取得了良好的效果。美国、英国与韩国的政府预算绩效评价都是以结果与顾客为导向，融入国家战略的综合绩效评价，美国将政府预算绩效评价通过专门法案规范，英国政府突出评价政府动态绩效，韩国政府大胆引入平衡记分卡，尤其是富川市成功应用平衡记分卡成为政府预算绩效评价的标杆。我国可以充分整合多国预算绩效评价的成功经验，构建具有强兼容性的政府预算绩效评价体系。

二、国内预算绩效评价文献

与西方发达国家相比较，国内关于政府预算绩效评价的理论研究起步较晚，早期主要介绍国外先进的政府预算绩效评价理论，然后在此基础上，借鉴西方政府预算绩效评价理论，结合我国国情研究适合中国的预算绩效评价理论框架。

（一）国外政府预算绩效评价理论的引入

西方发达国家政府绩效评价起步比较早，积累了很多成功的经验值得我国借鉴，国内学者主要对美国、英国、韩国等国家的政府预算绩效评价理论进行全面、系统的研究，以从中挖掘借鉴价值。李乐[22]对美国的《政府绩效与成果法案》《项目评估与结果法案》等法案进行研究，认为美国超越了传统政府绩效评价体制，是战略管理与绩效管理理念的双重体现，在指标设计上落实了"以结果为导向，以公民为本"的评估理念，对我国政府实施目标管理、推进绩效战略以及加快绩效战略法制化等方面具有借鉴意义。包国宪和周云飞[16]在梳理了英国的全面绩效评价体系（CPA）发展过程与全面地区评价（CAA）后认为：我国政府预算绩效评价内容要兼顾历史绩效和未来发展能力；评价指标要包括价值指标与公民满意度指标；绩效评价不是绩效排序，而是为了补缺、分享成功的实践经验或创新；政府预算决策、执行与评价各环节需要政府、企业和第三部门等主体广泛参与；政府既要评价中央政府和地方政府共同认可的优先事项，也要评价单个公共服务供给组织，还要评价不同政府与企业、政府与第三部门的合作伙伴关系[23]。方振邦等[19]在研究了韩国政府预算绩效评价发展历程后发现，我国必须加快构建多元化的政府绩效评价主体，实现政府绩效管理战略性与协同性的统一刻不容缓。国内学者通过对发达国家政府预算绩效评价系统进行研究,比较认同的是:我国可以立足于"4E"原则和逻辑框架法(LFA)(关键是投入—产出—结果指标),以结果和公民为导向,政府预算绩效评价重心逐步转移到评价政府绩效战略上,采取综合评价体系开展政府预算绩效评价。

(二)对我国政府预算绩效评价体系的研究

国内学者主要从国家、地方、国家与地方衔接3个层面研究我国政府预算绩效评价理论框架。国家与地方层面的政府预算绩效评价理论框架的构建以新公共管理理论为基础、以结果与顾客为导向,国家与地方衔接层面主要基于预算执行视角展开研究。

1. 国家层面政府预算绩效评价理论框架

我国政府预算绩效评价的出发点不是政府领导人的政绩,而是公共服务的购买者(纳税人)或接受者[24],即明确了我国政府预算绩效评价服务的对象是社会公众。当结果导向的预算改革观念还未能深入人心时,我国应遵循"4E"原则构建我国政府预算绩效评价体系框架,预算绩效评价可以遵循"目标—投入—过程—产出—结果"这一主线,循序渐进地推行,并明确各阶段的评价内容和指标体系[25]。新公共管理理论下的政府预算绩效评价要建立在"一观三论"的基础上,即花钱买效果的预算观以及公共委托代理理论、目标结果导向理论和为顾客服务理论[26]。同时要考虑现实环境的约束条件,逐步将预算决策纳入绩效评价的范畴,评价覆盖预算全过程,追求预算的公平性与回应性,强化"以人民为中心"的产出和效果[27]。针对如何围绕预算全程开展政府预算绩效评价,提出创建以政策评价、项目评价、资金评价、管理评价、效果评价为一体的政府预算绩效评价体系的基本框架[28]。

2. 地方层面政府预算绩效评价理论框架

我国学者针对地方政府财政支出效益低下的问题,认为我国地方一般预算绩效评价指标体系应围绕目标、投入、过程和产出的公共产品提供过程,致力于服务预算目标科学性、资源投入经济性、支出效率、产出效果和社会公平目标设计[24],整合绩效目标与预算管理流程,规划绩效预算导向的地方政府预算绩效评价指标体系[29]。地方政府预算绩效评价体系应以公众为评价主体、以民生为评价内容、评价程序法制化以及评价方法的实证化[30]。地方政府预算绩效评价理论框架基本上是以国家政府预算绩效评价理论框架为基础,侧重从评价指标可操作性角度予以完善。

3. 国家与地方衔接层面政府预算绩效评价理论框架

国家与地方衔接层面主要是从执行角度研究，在不具备实施绩效预算条件、又要全力推进预算绩效评价的政策导向下，政府预算绩效评价可以从中央部门与基层单位双向推进，形成理性的面向绩效预算的预算绩效评价实现框架[29]。不管是国家层面还是地方层面，都要强化预算绩效评价结果的应用以回应预算绩效评价目标。只有预算绩效评价目标与评价结果应用之间能及时回应，才能有效地提高政府预算绩效。

实践方面，我国 2003 年提出建立预算绩效评价体系，并在财政部以及广东、江苏等地开始探索预算绩效评价制度；上海市浦东新区自 2006 年开始推进绩效预算改革，经过近 5 年的摸索，对近 100 项财政专项资金和投资进行了绩效评估，形成了一套具有浦东特色的指标设计流程和评价指标体系库[31]；2008 年我国推行政府绩效管理和行政问责制度，意识到行政问责作为政府预算绩效评价重要的配套措施必不可少；2010 年进一步完善了政府绩效评价制度；2011 年国务院确定了以监察部为主的政府绩效管理和以财政部为主的预算绩效管理，同年财政部出台了《财政支出绩效评价管理暂行办法》以及《财政部关于推进预算绩效管理的指导意见》，对财政支出绩效评价管理、预算绩效管理与评价工作进行规范；2012 年财政部又出台了《预算绩效管理工作规划（2012—2015 年）》，明确了我国预算绩效管理的发展方向与目标；2014 年国务院颁布了《国务院关于深化预算管理制度改革的决定》，将全面实施绩效预算管理。近年来，我国政府预算绩效评价从最初的多地区试点探索积累经验，到国家层面构建全面的预算绩效评价体系并积极推广，我国政府预算绩效评价基本以绩效指标为中心，抓大放小、应评尽评，项目评价与单位评价两套体系并存，逐步形成规范化与制度化的评价格局[32]。

第二节　国内外生态环境资源管理绩效评价文献述评

一、国外生态资源环境管理绩效评价文献

（一）国外生态资源环境管理

1. 国外生态环境管理

集体惰性、个人理性和自我保护意识增加了政府管理自然资源环境的难度，为了弥补政府管理自然资源环境失灵，在管理自然资源环境方面我们将积极利用和创建市场行为[33]。政府、市场"两只手"的有机结合，能全面激活

自然资源环境市场，引导相关主体积极参与。集体一致行动才能有效解决自然资源环境可持续发展问题[34]，这需要公民具有极高的国民资源意识，逐步完善的自然资源管理法规，对自然资源环境采取综合管理与分类管理相结合的方式[35]，并要求政府制定明确的问责制度，监督管理自然资源环境的各个环节[36]。公众参与自然资源管理的模式有政府主导发起型参与、非政府主导发起型参与和公众自觉发起型参与[37]，其中公众自觉发起参与是最高形式。对自然资源环境实施精细化管理，离不开公众的广泛参与，更离不开环境管理决策支持信息系统[38]。建立管理信息系统基础之上的社区自然资源利用和环境保护，是一种精细化管理自然资源环境的有效形式，在平衡快速增长的经济发展需要与有限的生态系统承载力之间的矛盾中发挥着积极的作用[39]。但是生态环境管理强调自然资源环境管理各环节的独立作用，没有从整体角度使各管理环节联合发力，是一种单一中心管理，只能解决简单的自然资源环境问题，对于复杂的自然资源环境问题很难有所作为，客观要求全面综合治理自然资源环境，对自然资源环境采取预算治理也就应时而起。

2. 国外生态预算

当传统财政预算不能满足生态资源环境管理需求时，为了促进地方政府像管理非自然资源一样高效管理自然资源，早在 20 世纪 50 年代初期，拉丁美洲国家就形成了国民经济预算，由国家的经济、金融、自然与人力资源组成[40]。20 世纪 90 年代地方环境举措国际理事会（international council for local environ-mental initiatives，ICLEI）提出生态预算，1996 年沿用财政预算的平衡原理创立生态预算。关于生态预算与财政预算的关系，最初倾向于将生态预算纳入财政预算，扩大财政预算的范畴，近期比较倾向于将生态预算平行于财政预算，参考财政预算的平衡原理进行预算。地方环境举措国际理事会在《生态预算指南》中系统地阐明了生态预算基本思路，是地方政府先将生态资源的非货币预算和其他货币预算分离，并科学设定生态资源保护的年度目标与长期目标，然后参照财政预算编制的年度平衡原理和程序编制生态预算。地方环境举措国际理事会生态预算理事处 2004 年主导撰写了生态预算程序，由 3 阶段5 个步骤构成完整的生态预算循环，3 阶段即预算准备和批准、预算执行和预算平衡，具体包括预算评价、预算准备、预算批准、预算执行和预算评价 5 个步骤[41]。同时，对生态预算程序中的准备、评估、审计 3 个阶段进行详细说明[42]，生态预算具体程序就可以划分为准备、实施和评估 3 个阶段，具体为9 个步骤，形成一个循环[43]。在此基础上，在生态预算模式中增加"编制、执行、监督评价"，生态预算循环完全符合戴明循环（PDCA）的过程管理模式，被认为是一种最适合地方政府的环境管理系统[44]，可以实现全程、综合环境资源管理。生态预算的特点可以归纳为以下几点：①生态预算以财政预算为蓝本，可以采用实物量非货币量单位；②突出全面性和全员性；③以预算报告为信息载体，向生态环境管理者、投资者和监督者等相关主体提供决策有用的信息；④尊重自然资源、生态环境的自然发展规律。生态预算作为一种可行的自然资源环境全新管理工具，通过三种途径实现其自身的价值：①为各级政府建立生态责任预算；②为各级政府与企业的生态预算提供生态预算的先进标准；③为企业建立生态责任评价机制[45]。在地方环境举措国际理事会的大力宣传与极力推动下，生态预算被成功试用：德国示范项目（1996—2000 年）、凯撒斯劳滕示范项目（2001—2003 年）以及欧洲示范项目（2001—2004 年），而 2001—2007 年，瑞典、希腊、意大利、英国、德国 5 个国家 13 个城市的环境管理当局也试用了生态预算[46]。地方环境举措国际理事会网站和生态预算网站均发布了有关生态预算的最新动态，并公布有关生态预算的出版物和演讲稿，如 *The Eco-Budget Guide*、*Eco-Budget Guide for Asian Local Authorities*、*Robrecht and Frijs，2004* 等，指出生态预算的目的是为绩效评价、设置阶段性目标、确定实现这些目标而选择一套恰当的措施与指标[47]。生态预算成功的经验也逐步被亚洲地区接受并推广，尤其是在城市生态资源环境管理领域。2009 年，印度的贡土尔将财政预算与生态预算整合为财政环境预算[48]。

生态预算从提出、完善到推广，根据其预算中采用的计量单位不同，经历了 3 个阶段：单一货币化的资源预算阶段、融入单一非货币化的资源预算阶段以及生态资源环境综合管理的生态预算阶段[49]。单一货币化的资源预算阶段是将生态资源环境价值货币化，以货币作为预算唯一单位，对生态资源环境进行管理，这一阶段的不足是对于比较容易货币化的生态资源环境，可以比较准确地管理其存量与动态，但对于无法货币化的生态资源环境就无法纳入其管理范畴。融入单一非货币化的资源预算阶段在一定程度上解决了单一货币化的资源预算不足的问题，对生态自然资源环境的动态性、整体性关注不够，客观需要一套完整的生态资源环境管理模式，因此生态环境资源综合管理的生态预算阶段也就产生了。生态资源环境管理模式的不断变迁，客观需求生态资源环境管理绩效评价体系改进、优化，并构建系统的配套措施，有效保障生态预算实施。

（二）国外生态资源环境管理绩效评价

1. 政府绩效评价履行生态资源环境管理绩效评价的职能

政府绩效评价实践近百年，随绩效评价目标的变化，绩效评价的重心也不同，如从评价单一投入、单一产出到投入产出关系、综合效率和效果。自

20世纪70年代以后，在新公共管理理论的影响下，围绕政府管理流程再造、系统内部评价部门之间的合作与协调[50]，从客户满意度出发，利用动态绩效评价指标评价政府的软实力，为确保公共服务所提供的高效率和高质量更加符合公民需要，评价指标从借助单一的静态指标评价绩效，优化为从动态角度评价政府的发展战略与计划、服务能力与质量、改进与创新能力[51]。这些政府财政绩效评价的工具与理念，在评价生态资源环境管理绩效中被广泛应用，主要是通过在政府绩效评价中增加生态资源环境管理绩效评价模块。

2. 生态资源环境管理绩效专门评价

全球环境基金（global environment facility，GEF）在1994年建立了环境监测评价机制，1997年构建了监测评价框架；联合国环境规划署（united nations environment programme，UNEP）致力于制定监测与评价的基本要求，建立一个需求驱动的评价体系[52]。全球环境基金2002年针对生物多样性项目、气候变化项目发布监测与评价方法，针对国际水域项目发布监测与评价指标，其后发布《GEF终期评价指南（2008）》[53]与《GEF评价政策（2010）》。联合国经济合作与发展组织（organisation for economic co-operation and development，OECD）、亚洲开发银行（asian development bank，ADB）等国际组织也先后开展了与环境绩效评价相关的环境评估和发展研究[54]。西方国家中最早开展生态资源环境管理绩效评价的是澳大利亚，澳大利亚自1997年对林业、渔业、农业等自然资源管理部门开展绩效评价，确定了部门绩效目标，设计了详细的评价指标体系[55]。欧洲多国在城市生态资源环境管理绩效评价方面有着比较成功的经验，如意大利、德国等。意大利费拉拉市生态预算的目标把环境绩效和经济绩效以规范化的方式内置其中，为排除单一经济指标表征当局绩效考核方式提供前提[46]。意大利博洛尼亚市将生态预算审计作为战略环境评价的工具完成了当期的环境规划[56]。美国国家环境保护局（U.S. environmental protection agency，EPA）在《政府绩效与结果法案》的基础上，结合生态资源环境的特点，构建了比较系统的生态资源环境管理绩效评价体系。美国环境保护部门2000—2005年财政年度战略规划使命陈述和10年目标包括：净化空气；保护和净化水资源；保护食品安全；减少污染和减少社区、家庭和生态系统的危险；改善废物管理储存；减少全球范围的环境污染风险；提高环境信息的质量；提高对环境危险的理解以及环境污染研究的更大创新；抵制污染，更好地遵循法律；有效的管理。乔纳森·D. 布劳尔（2006）用可测量绩效目标设置年度目标，将实际绩效与预期目标进行比较。在2003年的年度净化空气目标中，明确列出关于2005年、2010年和2018年的目标，并从减少臭氧和臭氧制造者、减少特殊物质两个方面列出绩效测量的目录[57]。在生态资源环境管理绩效评价中应用比较广泛的是"项目等级评价工具"（program assessment rating tool，PART），项目等级评价工具包括项目的目标与设计、战略规划、项目管理、项目效果与问责4个部分，各部分的权重分别是20%、10%、20%、50%，共有25个问题，评价等级划分为有效、基本有效、接近有效、无效、未能出现预期的项目结果5个级别[58]。2003年，项目等级评价工具在美国海岸警卫队海洋环境保护项目、美国能源部太阳能项目中成功应用。2007年，美国国家环境保护局使用逻辑框架法，设计包括一级指标与二级指标在内的绩效评价指标体系，对环境类公共支出进行绩效评价[59]。ISO14001环境管理体系摆脱了传统的命令—控制管理模式，不强制设定组织环境绩效的绝对值，组织在构建环境管理体系（策划—实施—检查—处置）过程中出于自愿，并且可以充分结合自身特定的技术、资源、能力等多方面因素，来设计充分满足自身条件和需求的、包括环境管理绩效评价在内的管理体系[60]。

国外生态资源环境管理绩效的评价，由最初的直接应用政府绩效评价体系，到现在的参照财政绩效评价在政府预算绩效评价体系中增加生态资源环境管理绩效评价模块，以此作为政府预算绩效评价的一部分。当生态预算成功推广后，生态资源环境管理绩效评价独立于政府预算绩效评价体系之外，平行于政府预算绩效评价体系，对生态预算过程与结果进行动态评价，但是在评价过程中没有充分考虑区域自然资源环境条件所存在的差异。

二、国内生态资源环境管理绩效评价文献

（一）国内生态资源环境管理

国内学者认为，现行的环境管理模式只能缓解人与自然生态环境的紧张关系，不能从根本上解决人类行为对自然生态环境的污染问题[61]。这主要是因为以人为中心的主体性思想把整体的自然界人为地分为主体和客体，忽视人与自然的生态关联，应以整体论思维方式指导生态环境管理[62]。需更新自然资源管理理念，转换自然资源管理模式，以市场机制为基础[63]。新型环境管理模式以多中心治理理论为基础，将环境问题与治理结构类型有机结合，使得治理结构符合环境问题特征，以多组织、多规模和多层次的治理结构应对环境问题的复杂性和动态性，实现经济子系统、生态子系统与社会子系统的有机平衡，形成政府、市场、社会和公民共同行动的多元环境治理体系[64]。与此同时，还要考虑环境污染与社会经济要素的空间耦合性、环境污染在时间上的潜伏性和持续性，不能机械地通过静态、均一的管理手段来解决环境问题，只有

全面、深刻地洞察其时间动态与空间分异，运用空间管理的思维和工具，才能实现全方位的环境空间管控[65]。可以说生态社会协同治理更加重视环境与人的联系，希望社会各界共同自觉参与，强调多元主体的合作[66]，对不同区域的自然资源环境实施差异化动态管理。除了宏观层面环境管理模式的研究，也有部分学者从微观企业生态环境管理来构建国家绿色供应链与产业链，认为企业应自觉加大污染减排力度，自主引进绿色生产工艺，采购绿色原材料，销售绿色产品，把环境因素作为其竞争力因素，通过供应链上下游主体之间相互监管，督促企业自觉履行环境责任，从而可以轻易地建立生态环境风险社会共识系统，构建国家绿色供应链环境管理体系框架[67]。新时代自然资源管理改革只有同时完善自然资源市场体系，推进全域国土空间用途管制与生命共同体综合治理[68]，才能高效利用自然资源、管理生态环境。

（二）国内生态资源环境管理绩效评价

生态资源环境管理绩效评价既要符合绩效评价的一般要求，又要反映生态管理的特点[69]。可以从经济学、管理学、生态学等不同视角开展评价：以公共管理为研究视角，侧重于评价制度的建构与设计；以统计综合评价为研究视角，更加注重评价指标的构造与评价方法的适应性[70]。只有综合运用成本效益分析法、关键绩效指标法和生态经济系统分析法，基于经济、社会、生态、技术四维度，按照时空差异性分析框架，才能使实施的绩效评价更加全面、综合[71]。随着我国主体功能区建设被提升为国家战略，时空差异对绩效评价的影响引起学者们足够的重视，他们认为生态资源环境管理绩效评价应从立足于行政区转变为立足于主体功能区。从此主体功能区绩效评价备受学者们青睐，认为主体功能区绩效评价是针对区域的科学发展评价，是差别化的区域绩效评价，是引导、约束、调控主体功能区开发的重要手段[72]。对优先开发区、重点开发区、农产品主产区、重点生态功能区、禁止开发区分别设计对应的综合评价指标体系[73]。为了体现国家主体功能区核心功能，提高评价指标的可操作性、综合性与独立性，有学者建立包括资源、环境、生态、自然灾害、经济、人口社会、政策、交通和主体功能区运行等在内的评价指标[74]。也有学者基于动态视角研究生态资源环境管理绩效，以主体功能区的功能定位为切入点，从资源环境、科技创新、经济发展、社会发展和民生改善5个方面构建主体功能区经济社会发展绩效评价指标体系，进行动态评价[75]。国家主体功能区绩效评价除了要实施差异化绩效评价外，更应该是与国家战略协同的整体绩效评价，即整体绩效评价不同于局部的、单一的、非均衡的绩效评价[76]。在主体功能区绩效评价中，一般认为投入产出是其评价的重心，从投入产出效率视角构建与发展空间、农业空间、生态空间和保障空间相对应的评价指标体系，综合运用数据包络分析和熵权法等方法，对各主体功能区进行了差异化评价[77]。或者计算水、土地等不可再生自然资源等单一自然资源的投入产出效率，如采用地均投入产出、单位水资源的投入产出等，对四类主体功能区进行差异化评价[78]。国内现有关于自然资源环境管理绩效评价的文献大部分立足于传统行政区，虽然也有少数学者从主体功能区视角开展评价，但是更多的是对某一时点的绩效评价，属于静态绩效评价，缺乏基于主体功能区对生态预算的动态绩效评价，尤其是建立在主体功能区协调发展基础之上的生态预算动态绩效评价甚少。

第三节　生态环境资源管理绩效评价研究趋势展望

虽然以结果与顾客满意度为目标的政府预算绩效评价已形成比较完善的理论框架，但是政府预算绩效与自然资源环境管理绩效的评价目标、评价单元与评价主体等方面还存在较大的差异。政府预算绩效评价以结果与顾客满意度为目标，而自然资源环境管理绩效以生态子系统与经济子系统、社会子系统协调发展为目标；政府预算绩效评价是以各行政区为基本单元，自然资源环境管理绩效评价则是以生态区为基本单元，行政区与生态区很难一致；政府预算绩效评价主体一般是政府各级部门，而自然资源环境管理绩效的评价主体除了政府及其部门，还有社会、公众等主体。在开展自然资源环境管理绩效评价过程中，可以求同存异，充分吸收成熟的政府预算绩效评价理论，以此构建自然资源环境管理绩效评价理论体系。现行的自然资源环境管理绩效评价体系由于其主要依托政府行政部门实施，主要是以传统行政区为绩效评价基本单元，忽视了自然资源环境的整体性、流动性与区域差异性，人为分割式评价比较严重。需要对现行自然资源环境管理绩效评价体系在以下3个方面予以改进：①开展自然资源环境管理绩效的量化评价，不能以价值量指标为主，应该以实物量指标为主；②充分考虑自然资源的整体性和生态环境的流动性，对自然资源环境管理绩效的评价，应从根本上改变分割式开展自然资源环境管理绩效评价的格局；③立足不同区域的自然资源环境管理状况，应用差异明显的绩效评价指标开展评价。

综合考虑自然资源环境管理绩效评价存在的缺陷、自然资源环境管理绩效评价与政府预算绩效评价之间的差异，如何重构自然资源环境管理绩效评价体系是一个值得深入研究的大方向。在重构自然资源环境管理绩效评价体系研究中，其研究的切入点比较多，例如：①摆脱行政区的约束，基于自然资源整体视角、环境的流动性评价自然资源环境管理绩效，立足于主体功能区对自然资源环境管理绩效如何评价；②除了评价自然资源环境管理静态绩效，对自然资源环境管理动态绩效如何评价、如何动态评价；③政府预算绩效评价与自然资源环境管理绩效评价目标、评价基本单元、评价主体整合的可行性与理论基础；④基于协调视角如何构建主体功能区自然资源环境管理绩效评价体系，对多个主体功能区如何评价；⑤逐步将自然资源环境管理绩效评价体系从宏观层面延伸到微观层面，实现宏观、中观与微观评价全覆盖。

第三章 生态环境资源管理绩效评价面临的挑战与机遇

第一节 生态资源环境管理绩效现状及评价存在的困境

一、生态资源环境管理绩效评价的现状

中国开展生态资源环境管理绩效评价起步比较晚。2006 年财政部制定《政府收支分类改革方案》设置了"211 环境保护"科目，该科目包括 10 款 50 小项，统一核算不同形式的环境财政支出资金。2008 年主要整合一些零碎、散乱和交叉重复的项目，形成能全面、简洁地反映财政资金支出的科目群，为开展生态资源环境支出资金预算绩效评价扫除了基础障碍。2007 年国家环境保护总局根据相关法律、法规颁布了与相关部门有关的预算支出绩效考评管理办法，对环境保护部门的预算资金开展绩效评价试点，明确绩效评价范围是国家环境保护总局部门预算管理的资金，评价内容包括绩效目标完成情况、预算资金的使用情况和财务状况、单位采取的管理制度与措施、其他考核内容，评价指标包括业务目标完成情况、预算执行情况、财务管理状况、经济效益与社会效益、资产配置与使用情况[79]。其后，生态资源环境管理绩效的评价主要是从环保项目支出资金预算绩效、单一资源或单一环境要素管理绩效、生态资源环境综合管理绩效 3 个方面开展。

（一）环保项目支出（专项）资金预算绩效评价

2009 年环境保护部正式开展部门预算项目绩效评价试点，由第三方中介机构对绩效评价项目进行绩效评价。2008—2011 年先后主要完成环境标准修订、环境保护规划、战略环境评价，对湖泊水库生态、持久性有机污染物、污染物排放总量等项目的财政支出绩效评价。2012 年财政部与国家发展和改革

委员会联合下发《循环经济发展专项资金管理暂行办法》，要求提高财政资金使用效益和效率；同时，在其联合下发的《战略性新兴产业发展专项资金管理暂行办法》中，提出要加强专项资金的绩效评价，但是对如何进行绩效评价没有明确规定。财政部与国家发展和改革委员会合力制定同一评价标准与评价指标体系评价部门预算所有项目，并建立评价结果与预算决策衔接的预算管理体制，设计四级评价指标体系，重点考核项目决策、项目管理、项目绩效三大部分。2013 年根据项目周期，涵盖投入、过程、产出与效果设计等一般项目绩效评价指标，主要是在对全球环境基金支持中国气候领域的项目开展绩效评价中积累了一些评价经验，如在终端能效项目终期绩效评价中，评价专家设计两级评价指标体系、评价准则、评价结果分级，评价指标根据项目目标与项目成果设计，评价准则包括相关性、效率、效果，评价结果分为 6 个等级，采取定量与定性评价相结合，等等。在中国逐步淘汰白炽灯、加快推广节能灯项目的中期评价中，评价目标为核查白炽灯项目开展情况，评价内容包括工作计划相关性、资金分配、支付及时性、采购、组织协调等方面，对项目设计、实施、成果及影响从相关性、效率与效果角度，采取定量与定性相结合的方式进行综合评价。

（二）单一资源或单一环境要素的管理绩效评价

所谓单一资源或单一环境要素的管理绩效评价，主要是对生态载体中的水、土地资源以及影响生态环境的大气与能源开展绩效评价。2013 年国务院下发的《大气污染防治行动计划》明确了大气污染防治的奋斗目标，并设计了具体的绩效评价指标。具体评价指标主要包括细微颗粒年均浓度、可吸入颗粒物浓度。2014 年出台的《大气污染防治行动计划实施情况考核办法（试行）实施细则》，其考核指标包括空气质量改善目标完成情况、大气污染防治重点任务完成情况，空气质量改善目标完成情况用细微颗粒物（PM2.5）或可吸入颗粒物（PM10）的年均浓度作为参考对象，大气污染防治重点任务完成情况设计 10 个具体指标，综合考核结果分为 4 个等级。2015 年国务院发布了《水污染防治行动计划》，确定了 2020 年与 2030 年的水污染防治目标，并采取具体的指标量化目标，如流域水质优良比例、城市集中式饮用水水源水质达到或优于Ⅲ类比例、地下水质量极差比例等指标。2016 年修订的《中华人民共和国水法》对水资源规划、开发、利用、保护以及水资源配置与节约利用做了全面规范，为水管理绩效评价的构建提供了蓝本，同年修订的《中华人民共和国节约能源法》对节能管理、合理使用与节约能源、耗能较大的行业与单位如何节能以及节能技术进步进行规范。2016 年发布的《土壤污染防治行动计划》也明确了 2020 年与 2030 年的工作目标，采取受污染耕地安全利用率、污染地块安全利用率指标评价防治效果。

（三）生态资源环境综合管理绩效评价

生态资源环境综合管理绩效评价主要立足于行政区出台的一些生态资源环境管理绩效的评价制度。2013 年环境保护部印发了《国家生态文明建设试点示范区指标》，针对生态文明城市建设设计了一套评价指标体系，并设置了相应指标的量化评价标准。2014 年环境保护部颁布了《国家生态文明建设试点示范村镇指标（试行）》，为建设生态文明村镇构建了一个评价指标体系。与此同时，加快了生态资源环境综合管理绩效评价的顶层制度设计，2015 年修订后的《中华人民共和国环境保护法》提出要提高保护与改善环境、防治污染等财政资金的使用效益，加强对环境状况以及建设项目对环境影响的评价。2015 年，由中共中央、国务院印发的《生态文明体制改革总体方案》明确了改革目标之一，是构建充分反映资源消耗、环境损害和生态效益的生态文明绩效评价考核制度，着力解决发展绩效评价不全面等问题，要研究制定可操作、可视化的绿色发展指标体系，生态文明建设目标评价考核办法将资源消耗、环境损害、生态效益纳入经济社会发展评价体系，根据不同区域主体功能定位，实行差异化绩效评价考核。

生态资源环境管理绩效评价通过三管齐下，使得生态环境、自然资源的状况有了很大的改观，我国生态环境保护取得的绩效统计见表 3-1。

表 3-1　我国生态环境保护取得的绩效统计

项目	指标	指标变化
生态环境质量	城市细微颗粒物（PM2.5）年均浓度	338 个地级市 50 微克/立方米
	酸雨区占国土面积比例	7.6%
	地表水国控断面 I～Ⅲ类比例	66%
	地表水国控断面劣 V 类比例	9.7%
	全国森林覆盖率	21.66%
	森林积蓄量	151.4 亿立方米
	草原综合植被覆盖度	54%
	建成自然保护区	2 740 个
	建成自然保护区占陆地国土面积比例	14.8%

表3-1（续）

项目	指标	指标变化
治污减排	全国脱硫机组容量占煤电总装机容量比例	99%
	全国脱硝机组容量占煤电总装机容量比例	92%
	煤电机组超低排放改造	1.6亿千瓦
	全国城市污水处理率	92%
	城市建成区生活垃圾无害化处理率	94.1%
	全国化学需氧量和氨氮	累积下降12.9%
	二氧化硫排放总量	累积下降13%
	氮氧化物排放总量	累计下降18%
生态保护与建设	全国受保护湿地面积	增加5.26万平方千米
	自然湿地保护率	46.8%
	沙化土地治理	10万平方千米
	水土流失治理	26.6万平方千米
	建立各级森林公园、湿地公园、沙漠公园	4 300个
	生态省建设	16个
	生态市建设	1 000多个
	国家生态建设示范区	114个市（县、区）

资料来源：DALY H E. Beyond Growth the Economics of Sustainable Development ［M］. Boston：Beacon Press，1996.

二、生态资源环境管理绩效评价存在的困境

中国积极开展生态资源环境管理绩效评价以来取得了巨大的成就，但是生态环境、自然资源的利用效率还不高，经常会出现基层环境管理绩效评价流于形式、严重的环境突发事件时而发生，说明我国进行生态资源环境管理绩效评价还没有达到预期的目标，还有很大的提升空间。在中国生态资源环境管理绩效评价中存在以下五大困境：

困境一：缺乏系统的生态资源环境管理绩效评价理论指导实践。

由于生态资源环境的复杂性，生态资源环境管理绩效评价长期以来是许多国家面临的难题。国外对生态资源环境管理绩效评价开展了一些研究，中国学者主要是对国外相关研究成果进行介绍，但是结合中国国情来构建具有中国特

色的生态资源环境管理绩效评价的理论并不多，围绕经济、社会与生态资源环境协调发展的理论研究也还不够深，没有整合相关理论，形成系统的理论体系，为生态资源环境管理绩效评价提供理论支撑。

困境二：缺乏差异化的绩效评价指标。

现行的生态资源环境管理绩效评价一般采取同一评价指标、同一评价标准。国务院 2011 年颁布的《全国主体功能区规划》对我国的国土空间结构进行合理布局，将我国区域划分为优先开发区、重点开发区、限制开发区与禁止开发区四类，说明中国开展生态资源环境管理绩效评价的基本单元发生了变化，由以前的单一行政区或区域变为主体功能区，而四类主体功能区的功能定位差异明显，客观需要针对四类不同的主体功能区设计四套存在一定差异的评价指标体系，以便对各区域生态资源环境管理绩效开展评价。

困境三：重静态绩效、轻动态绩效。

设计绩效评价指标时，虽然综合考虑经济绩效、社会绩效，但是对经济子系统、社会子系统与生态子系统的高效协调发展，自然资源、生态环境在经济发展与社会治理中的使用效率，自然资源、生态环境的存量与增量之间的转换关系的评价不够重视，更多是依靠某一个或几个指标来评价某一时点状态，绩效评价的结论难以客观地反映生态资源环境管理在一定时期的真实状态。

困境四：绩效评价结果应用不充分。

绩效评价的目标是改进或优化生态资源环境管理系统，在重视绩效评价过程的同时，绩效评价结果的应用显得更加重要，如果生态资源环境管理绩效评价实施以后，评价结果不能被广泛、充分地应用，绩效评价环节的作用就会十分有限。只有绩效评价结论能及时应用于生态资源环境管理系统的改进与优化，才能真正实现以评促改，这也是绩效评价的最终目的。

困境五：缺乏配套制度保障绩效评价持续跟进。

在绩效评价指标体系设计比较完善且能有效实施的条件下，尽可能完善生态资源环境管理绩效评价标准、绩效审计制度、问责机制等配套制度，能强化生态预算绩效评价的地位、保障生态预算绩效评价有效实施。

第二节　机遇：全面推进主体功能区建设

一、独立的主体功能区规划

主体功能区的设想最先源于 2002 年国家发展计划委员会的《关于规划体

制改革若干问题的建议》，在"十一五"规划纲要中简单阐述了主体功能区的划分标准与划分类型，国务院 2011 年出台了第一个独立全国性国土空间开发规划——《全国主体功能区规划》，对规划背景、指导思想、开发原则、战略目标、功能定位、保障措施、绩效考核评价和规划实施等进行系统的设计，这标志着主体功能区建设的基本依据、科学开发国土空间的行动纲领和远景蓝图已经形成。根据不同区域的资源承载能力、现有开发强度和未来发展潜力，以及是否可以进行大规模高强度工业化、城镇化开发，划分为优先开发、重点开发区、限制开发区与禁止开发区。根据提供的主体产品不同，划分为城市地区、农产品地区和重点生态区[22]。对不同类型的主体功能区的功能定位与评价重心进行了系统的阐述，主体功能区的功能定位、生态环境目标与绩效评价重心[22][80]，整理归纳见表 3-2。各地区在此基础上也制定了本行政区的主体功能区规划，作为本行政区科学规划发展国土空间结构的依据。各地区制定的主体功能区规划形成全面的主体功能区规划体系，在国土开发中具有战略性、基础性和约束性，在其他区域规划制定中也具有基础性、约束性。

表 3-2　主体功能区的功能定位、生态环境目标、绩效评价重心归纳

类型	功能定位	生态环境目标	绩效评价重心
优先开发区	提升国家竞争力的重要区域，带动全国经济社会发展的龙头，全国重要的创新区域，我国在更高层次上参与国际分工及有全球影响力的经济区，全国重要的人口和经济密集区	引导城市集约紧凑、绿色低碳发展，扩大绿色生态空间，优化生态系统格局	强化经济结构、资源消耗、环境保护、自主创新以及外来人口公共服务覆盖面；弱化经济增长速度、招商引资、出口
重点开发区	支撑全国经济增长的重要增长极，落实区域发展总体战略、促进区域协调发展的重要支撑点，全国重要的人口和经济密集区	加强环境管理和治理，大幅度降低污染物排放强度，减少工业化、城镇化对生态环境的影响，改善人居环境，努力提高环境质量	强化经济增长、吸纳人口、质量效益、产业结构、资源消耗、环境保护以及外来人口公共服务覆盖面；弱化对外投资增长速度（对中西部地区还要弱化吸引外资、出口）
限制开发区（农业主产区）	保障农产品供给安全的重要区域，农村居民安居乐业的美好家园，社会主义新农村建设的示范区	着力保护耕地土壤环境，确保农产品供给和质量安全	强化农产品保障能力；弱化工业化、城镇化

表3-2(续)

类型	功能定位	生态环境目标	绩效评价重心
限制开发区 (重点生态 功能区)	保障国家生态安全的 重要区域,人与自然 和谐相处的示范区	开发强度得到有效 控制,形成环境友好 型的产业结构,保持 并提高生态产品供给 能力,增强生态系统 服务功能	强化生态产品能力; 弱化工业化、城镇化
禁止开发区	我国保护自然文化资源 的重要区域,珍稀动植 物基因资源保护地	严格控制人为因素 对自然生态环境和 自然文化遗产的原真 性、完整性的干扰	对自然文化资源的 原真性、完整性的 保护

资料来源:主要根据《全国主体功能区规划》和李乐2014年在《中国行政管理》发表的文章《美国公用事业政府监管绩效评价体系研究》整理所得。

二、国家力推主体功能区建设

颁布《全国主体功能区规划》之后,国家极力将"规划"提升为"国家战略",且切实落实为具体制度[81],使主体功能区规划上能引起国家高层的高度重视,下能接地气,上下一盘棋,扎扎实实落实这一项国策。

(一) 主体功能区上升为国家战略

党的十八大报告明确要加快实施主体功能区战略,第一次将主体功能区建设提升为国家战略,在后来一些国家战略性文件中多有强调主体功能区战略,中共中央、国务院印发《生态文明体制改革总体方案》,树立了尊重自然、顺应自然、保护自然的理念,生态文明建设要融入经济建设、政治建设、文化建设、社会建设各个方面。发展必须是绿色发展、循环发展、低碳发展,按照主体功能定位控制开发强度,调整空间结构,建设天蓝、地绿、水净的美好家园。把握人口、经济、资源环境的平衡点推动发展,人口规模、产业结构、增长速度不能超出当地水土资源承载能力和环境容量。统筹国家和省级主体功能区规划,健全基于主体功能区的区域政策,根据城市化地区、农产品主产区、重点生态功能区的不同定位,加快调整完善资源开发、环境保护等政策。中国共产党第十八届五中全会提出创新、协调、绿色、开放、共享的发展理念,形成人与自然和谐发展现代化建设新格局。所有这些均是国家将主体功能区规划提升为国家战略的体现。

（二）主体功能区下沉为具体制度①

主体功能区规划建设是国家"十二五"规划、国家"十三五"规划、"十三五"生态环境保护规划等具体制度的重要内容。国家"十二五"规划纲要提出坚持把建设资源节约型、环境友好型社会作为加快转变经济发展方式的重要着力点，要求实施主体功能区战略，按照全国经济合理布局的要求，规范开发秩序，控制开发力度，形成高效、协调、可持续的国土空间开发格局。统筹谋划人口分布、经济布局、国土利用和城镇化格局，引导人口和经济向适宜开发的区域集聚，保护农业和生态发展空间，促进人口、经济与资源环境相协调。在强化各类地区提供基本公共服务、增强可持续发展能力等方面评价基础上，按照不同区域的主体功能定位，试行差异化的评价考核。国家"十三五"规划纲要提出要生产方式和生活方式绿色，低碳水平上升。能源开发利用效率大幅度提高，能源和水资源消耗、建设用地、碳排放总量得到有效控制，主要污染物排放量大幅度减少。主体功能区布局和生态安全屏障基本形成，要求有度有序利用自然、调整优化空间结构，推动形成以"两横三纵"为主体的城市化战略格局、以"七区二十三带"为主体的农业战略格局以及以"两屏三带"为主体的生态安全战略格局。以市县级行政区为基本单元，建立由空间规划、用途管制、差异化绩效考核等构成的空间治理体系。建立国家空间规划体系，以主体功能区规划为基础统筹各类空间性规划，推进"多规合一"。"十三五"生态环境保护规划提出坚持绿色发展、标本兼治，强化源头控制，优化空间布局，推动形成绿色生产和绿色生活方式，加大生态环境治理力度，促进人与自然和谐发展；坚持空间管控、分类防治。统筹生产、生活、生态空间管理，实施差异化管理，强化主体功能区在国土空间开发保护中的基础作用，推动形成主体功能区布局，依据不同区域主体功能区功能定位，制定差异化的生态环境目标、治理保护措施和考核评价要求。各地区的主体功能区规划，也要落实到各地区的"十二五"规划、"十三五"规划、专项规划、年度工作计划以及部门工作计划之中。

三、重构政府预算绩效评价的新机遇

主体功能区在推进过程中需要系统的绩效评价体系，立足于行政区管理需求的现有政府绩效评价制度无法满足主体功能区发展的需要，主体功能区对政

---

① 详细内容请参考国家"十二五"规划、国家"十三五"规划与"十三五"生态环境保护规划。

府预算绩效评价提出新的要求：

第一，绩效评价以主体功能区为基本单元。传统政府绩效评价中，各级政府主要立足于本行政区，主体功能区规划作为基础性规划，要求绩效评价跳出行政区的约束，以主体功能区作为绩效评价基本单元。主体功能区以县（市）为基本单元，一般可以包括一个或多个同质县（市），充分考虑自然资源环境的整体性与环境的流动性。

第二，绩效评价重点评价主体功能区协调发展绩效。主体功能区协调发展以生态绩效优先为先决条件，即主体功能区绩效评价最大化是建立在生态绩效最大化基础之上的。主体功能区由经济子系统、社会子系统与生态子系统组成，以不损害生态子系统为前提，将经济子系统、社会子系统嵌入生态子系统形成一个复合生态系统，在整个绩效评价中，除了评价经济发展绩效、社会治理绩效与生态管理绩效，更加重视评价经济子系统、社会子系统与生态子系统之间的高效协调发展。

第三，差异化绩效评价。根据不同区域的资源环境承载能力、现有开发潜力划分为优先开发区、重点开发区、限制开发区与禁止开发区，根据提供的主产品不同划分为城市地区、农业主产区与重点生态区，各类主体功能区的功能定位存在差异，针对各种不同性质的主体功能区设计与此相适应的绩效评价指标，制定差异化的绩效评价标准。

主体功能区建设对预算绩效评价的基本单元、评价重心与评价指标的个性化需求都提出了新的要求。改进现有的政府预算绩效评价框架很难满足需求，这为从主体功能区视角发展预算绩效评价体系提供了机遇；同时，在生态环境管理正在向生态环境治理全面转型的背景下，我们也亟须从生态环境治理层面构建新的生态环境治理绩效评价体系。基于此，本书尝试在构建生态环境资源管理绩效评价的基础上，以自然资本理论、府际治理理论与系统协调理论为基础，融入预算管理理论，立足主体功能区，构建主体功能区生态预算绩效评价体系，本着"以评促改、以评促建"的原则，以求为有效解决主体功能区生态环境治理中存在的问题提供新思路。

第四章 主体功能区生态预算绩效评价的理论基础

第一节 主体功能区生态预算绩效评价的相关理论

一、自然资本理论

（一）自然资本理论的发展

1990 年，Pearce D. W. 和 Turenr R. K.[82] 在其出版的《自然资源与环境经济学》中首次提出与人造资本相对应的自然资本。1994 年世界银行出版的《扩展衡量财富手段》将资本划分为：人造资本、人力资本、自然资本与社会资本，并将自然资本列入财富范畴。2011 年联合国《迈向绿色经济》报告中认可了自然资本的价值，此后，自然资本的价值得到广泛的认可。学界对自然资本的界定没有一个统一的认识，主要是从 3 个方面进行阐述：①将自然资本等同于自然资源与生态环境；②将自然资本视为一种有用的资源和环境的存量；③自然资本既包括纯自然资本，也包括人造自然资本。虽然研究角度不同，但是学者之间形成了一些共识，即自然资本具有价值与增值性，能带来生态效益。根据资本的定义，Daly H. E.[83] 将自然资本定义为能够在现在或未来提供有用的产品流或服务流的自然资源及环境资源的存量。也有学者称自然资本为生态资本、环境资本等，其本质基本接近。严立冬等[84] 认为，自然资本包括生态资源存量、生态环境质量和生态系统服务的整体有用性。自然资本除了兼具生态环境的自然属性和资本的一般属性外，还具有人造资本不可替代性、存在形式多样性与公共产品属性等特性[85]。为了保证自然资本存量不减、疏通自然资本运营渠道、协调运营相关主体的利益，客观要求形成系统的自然资本运营机制，自然资本运营的关键是不断采取新的生态技术，完善生态市场，遵循"生态环境资源→生态资产→生态资本→生态产品（服务）"的自然资本运营机理，综合考虑内部因素与外部因素，构建出生态资本运营框架，运营中的价值计量体系为可货币化的价值、使用价值与遗产价值均衡的综合价值，包括内部机制与外部机制，内部机制包括积累机制与转换机制，外部机制包括补偿机制与激励机制[86]。

（二）自然资本理论的核心理念

1. 自然资本稀缺属性

导致自然资本稀缺的主要原因在于三方面：①由于自然资本表现形式多样化，其价值难以估算，自然资本价格不能真实、准确地反映自然资本的稀缺状况；②经济与社会发展消耗的自然资本量远大于自然资本的再造量，自然资本存量减少；③自然资本属于公共产品，其产权不明确，认为自然资本不具价值，容易产生"公地悲剧"。这三方面的原因导致自然资本无序、低效消费与浪费，与人造资本相比，其稀缺程度越来越高。自然资本稀缺表现为数量与质量两方面：①自然资本数量稀缺。自然资本数量逐步减少，没有引起资本的质变。②自然资本的质量下降。因为个别或局部资本的数量减少达到临界值，引起质变。

2. 自然资本的整体性

自然资本整体性主要表现为自然资源的整体性和生态环境的整体性：①自然资源的整体性。自然资源一旦局部遭到破坏或自然资源数量减少，都会导致自然资源的质量下降，原本的功能丧失，只有自然资源任何局部或数量不发生变化，才能保持原本的功能。②环境整体性。某一区域发生环境污染或治理行为，容易产生溢出效益，影响相邻或相关区域，只有将相邻或相关区域联系起来考虑环境，才能厘清环境运动的规律以及存在的因果关系。

3. 自然资本价值实现多元化

在工业经济时代，追求的价值是货币计量价值，但是在生态经济时代，追求的价值不仅是货币计量价值，还有实物量计量价值，只有货币计量价值与实物量计量价值的价值和最大，总价值才最大。自然资本为人类提供生存条件，为经济社会发展提供物质基础，自然资本价值的实现主要有两种路径：①通过消耗的自然资本生产出社会品、经济品，以此满足居民的需求；②通过自身积累形成生态品，提供生态服务。第一种价值实现路径可持续要求居民绿色消费程度高，利用自然资本的技术水平也高；第二种价值实现路径可持续没有附加条件。自然资本要求经济发展目标要兼顾经济效益和社会效益、生态效益。工业社会追求的是纯经济发展，而经济发展的目标是经济效益，其目标比较单一，忽视了社会效益与生态效益。生态文明社会强调满足人的全面发展，在自然资源十分稀缺、环境污染十分严重的背景下，对生态品的需求刚性增强，自然资本成为经济、社会发展的短板，发展兼顾经济效益、社会效益与生态效益，突出生态效益在发展目标体系中的地位。

二、府际治理理论

府际治理是建立在府际关系基础之上的，在这里主要阐述地方政府横向的关系与治理相关理论。

（一）地方政府关系

地方政府关系是为了执行公共政策或提供公共服务，地方政府间形成的相互关系的互动与机制[87]。林尚立[88]认为，从决定政府间关系的基本格局和性质的因素来看，政府间关系主要由权力关系、财政关系、公共行政关系三重关系构成。谢庆奎[89]在其研究中表明，政府间关系的内涵首先是利益关系，其次才是权力关系、财政关系、公共行政关系，利益关系决定后三种关系。美国学者 R. J. 斯蒂尔曼[90]将府际治理的特征概括为：范围广、动态性、人际性，且公务员的作用越来越重要，政策的影响也越来越大。地方政府间横向关系主要是合作与竞争。重塑地方政府间横向关系，一方面要重构地方政府间竞争秩序，必须从以封闭式地方保护主义为中心的资源竞争转向以开放式制度为基础的制度竞争；另一方面是完善相关利益者之间的协作机制，促进区域间、区域内公共事务治理中的协作和资源整合[91]。在地方政府间的协调中，关键是构建地方政府间协调发展机制，市场与科层制度都具有协调功能，市场是地方政府间竞争关系的协调机制，科层制度是地方政府间合作关系的协调机制。美国经济学家奥利弗·伊顿·威廉姆森认为，当"不确定性、交易频繁、资产专用性等变量处于较低水平"时，市场机制治理绩效比较好；当"不确定性、交易频繁、资产专用性等变量处于较高水平"时，科层制度治理绩效比较好；对市场与科层制度都无法协调的地方政府间的关系，应引入第三方力量。在区域协调初级阶段，协调重在区域内各要素的良性相互关系；中级阶段注重区域与外部的联系、合作与协调；一旦进入高级阶段，也就是协调的最高境界时，通过实施长效型的区域空间格局优化政策满足区域长期利益诉求和发展诉求，通过空间格局和区域长期利益分配的帕累托改进促进区域协调发展[92]。区域协调主要是要求区域内部的和谐及与外部区域的共生[93]。

（二）府际治理理论的实质

1. 府际治理能跨多个行政区高效供给公共产品

市场资源配置的经济区与政治资源配置的行政区的边界界定不同[94]，行政区与经济区的边界不一致，当经济区涵盖多个行政区，多个行政区各自为政、不协调，导致单一行政区供给公共产品的效率与质量偏低[95]。平行地方政府之间协调治理可以解决经济区的共同问题。

2. 府际治理是开放式治理

府际治理是一种政府间、公私部门与公民共同构建的政策网络，强调通过多元行动主体间互动与合作来实现和增进公共利益[96]。府际治理在 4 个方面有所突破：①府际治理以问题解决为导向，是一种问题导向的行为过程；②地方政府间被视为相互依赖和伙伴关系，而非竞争对手；③府际治理注重联系、沟通以及网络发展的重要性，强调政府间协调合作；④强调公私部门的混合治理，倡导第三部门积极参与政府决策。

3. 府际治理是集体行动

奥尔森的集体行动逻辑表明，集体行动的生成必须具备认知统一、利益协调和制度约束 3 个基本条件。府际治理机制是命令机制、利益机制与协调机制三者的整合，府际治理的基础是具有向心力的命令机制，核心是具有离散力的利益机制，发展趋势是具有耦合力的协调机制整合三者形成的府际治理机制。府际治理不仅鼓励政府间竞争，更注重政府间合作；不仅注重单一政府目标实现，更注重区域内政府间战略协同[97]。

三、系统协调理论

（一）系统协调理论发展

我国著名科学家钱学森（1954）认为，系统是由相互作用、相互依赖的若干组成部分结合而成的，具有特定功能的有机整体，而且这个有机整体又是它从属的更大系统的组成部分。系统论的核心思想是系统的整体观念，分析系统的结构和功能，有助于研究系统、要素、环境三者的相互关系和变动的规律性。协调是在大系统内通过控制、调节使各局部小系统既相互制约又相互配合、相互促进，以实现全局最大化[98]。系统协调理论在经济、社会、生态中也广泛应用，最初主要独立应用于单一经济子系统、社会子系统与生态子系统之中，随着生态经济学、环境经济学的发展，在三大子系统基础上构成经济—社会系统、经济—生态系统、社会—生态系统、经济—社会—生态系统等复合生态系统，其中经济—社会—生态系统是最完整的复合生态系统，其协调程度是影响复合生态系统可持续发展的关键因素之一。

（二）系统协调理论的核心内容

1. 系统协调整体观

系统的首要特性是整体突现性，即系统作为整体的部分或部分之一，整体不是简单地等于部分之和，系统组分受到系统整体的约束和限制，其性质被屏蔽，独立性丧失。整体突现性来自系统的非线性作用。系统存在的各种联系方式的总和构成系统的结构。系统结构的直接内容就是系统要素之间的联系方式。进一步来看，任何系统要素本身也同样是一个系统，要素作为系统构成原系统的子系统，子系统又必然由次子系统构成，则：次子系统→子系统→系统之间构成一种层次递进关系。

2. 系统内部协调

系统内部协调主要包括要素协调、子系统协调与功能协调：①要素协调。系统中流动要素有资金流、物流、信息流与人力资源等，系统要素协调包括系统内要素协调与系统间要素协调，系统内要素协调是指在系统与系统内子系统中的要素数量之间的协调、要素质量之间的协调以及这些要素的投入与产出之间的协调。②子系统协调。从系统构成角度来看，系统由经济子系统、社会子系统、资源子系统、环境子系统等组成，既要保证子系统内部要协调，还要保证子系统之间要协调。从系统运营角度来看，系统由决策子系统、执行子系统、评价子系统等组成，系统运营中的决策子系统、执行子系统与评价子系统之间要协调。③功能协调。虽然系统同时具有经济功能、社会功能、农业功能与生态功能等多元功能，同时提供工业产品、社会产品、农产品与生态产品，但是每一个系统的主体功能存在差异。各个系统的主体功能定位不同，每一个系统的多元功能结构中存在一个主体功能。因此，系统功能协调包括主体功能与次要功能的协调、次要功能之间的协调。

3. 系统与环境协调

任何现实系统都是封闭性和开放性的统一，环境构成了系统内相互作用的场所，同时又限定了系统内相互作用的范围和方式，系统内相互作用以系统与环境的相互作用为前提，两者又总是相互转化的。系统与外部环境通过信息、物质等要素进行交换，不断地促进系统功能改进、系统内部结构优化和要素配置更加合理。

四、三大理论与主体功能区生态预算绩效评价

自然资本理论、府际治理理论、系统协调理论对主体功能区生态预算绩效评价基本框架的影响是全方位的，这三大理论与主体功能区生态预算绩效评价关系如图 4-1 所示。

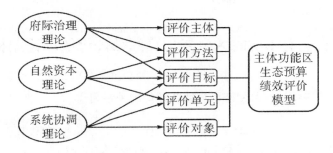

图 4-1　三大理论与主体功能区生态预算绩效评价关系

（一）府际治理理论与评价主体

府际治理中开放式治理思想强调政府间、公私部门与公民共同协作构建治理网络，以增进公共利益，这意味着区域治理主体可以多元化。在主体功能区生态预算绩效评价中，绩效评价主体超越了政府、政府部门、行政区的范畴。

（二）府际治理理论、自然资本理论与评价方法

府际治理理论主要是指能跨越多个行政区域的高效供给公共产品理论，自然资本理论主要是指价值计量以及实现多元化理论。为主体功能区生态预算绩效评价采取投入产出方法，且投入产出中的投入与产出不能仅考虑货币化的投入与产出，也要考虑非货币化的投入与产出，投入产出既包括经济与社会的投入与产出，也包括生态的投入与产出。

（三）系统协调理论与评价对象

系统协调理论中的内部协调理论与外部协调理论为绩效评价的对象重新确定边界，这意味着绩效评价不仅仅包括主体功能区复合生态系统内部各要素、子系统协调以及功能协调，还要评价主体功能区与其他主体功能区协调发展。

（四）系统协调理论、自然资本理论与评价单元

系统协调理论中的整体性和自然资本理论中的整体性，决定了主体功能区生态预算绩效评价既要考虑复合生态系统的整体性，也要考虑自然资本的整体性。当行政区没有办法协调两个整体性时，主体功能区是一个最好的选择。

（五）府际治理理论、自然资本理论、系统协调理论与评价目标

三大理论决定了主体功能区的生态预算绩效评价目标，有效促进了主体功能区经济、社会、生态高效可持续协调发展。

第二节 主体功能区生态预算绩效评价的理论架构

一、影响主体功能区生态预算绩效评价的关键因素

综合考虑影响主体功能区生态预算绩效评价的内外环境，影响主体功能区生态预算绩效评价的因素主要有主体功能区绩效、政府绩效评价标准、主体功能区生态预算系统与主体功能区生态预算相关主体四个[99]。其中主体功能区绩效影响评价导向，政府绩效评价标准影响评价尺度，主体功能区生态预算绩效评价的对象是生态预算系统，主体功能区生态预算绩效评价相关主体是指对预算决策、执行、评价某一环节或某一方产生直接或间接影响的相关主体，属于主观影响因素。

（一）主体功能区绩效对主体功能区生态预算绩效评价的影响机理

主体功能区绩效决定生态预算绩效评价必须以主体功能区为基本单元，四类主体功能区的主体功能定位存在质的差异，其绩效内涵也就存在差异。四类主体功能区的主体功能在一定时期是稳定的，但是从长期来看是动态的，也就是从长期来看，四类主体功能区存在相互转换的可能，在主体功能区不同发展阶段，其绩效评价重心也不同。因此，四类主体功能区对生态预算绩效评价的影响主要通过三条路径实现：绩效评价的基本单元、差异化评价与动态评价重心。主体功能区绩效影响路径见图4-2。

图4-2　主体功能区绩效影响路径

1. 主体功能区绩效以主体功能区为评价的基本单元

政府预算绩效评价是以行政管理为基础，在行政管理体制内实施预算绩效评价，其预算绩效评价的基本单元的确定与行政区的划分相关。以行政区为预算绩效评价的基本单元，在不考虑自然资源环境的条件下评价经济资本的使用效率是可行的，因为各行政区的经济资本只有量的差异，没有质的差异。当评价对象加入自然资本以后，预算绩效评价的基本单元若还是选择行政区，就显得不太合适了，因为自然资本的整体性与流动性决定预算绩效的基本单元选择主体功能区更加科学，也因为选择主体功能区作为评价基本单元，可以保证自

然资源环境的整体功能不会出现质变的风险。另外，以行政区为预算绩效评价基本单元，容易误导各级政府视各级行政区为同质行政区，忽视各行政区的自然资源环境的承载能力，各级政府容易滋生相互攀比、重复建设，造成自然资源浪费、形成恶性竞争的格局，最终导致各行政区的发展极不协调、差距越来越大。主体功能区绩效是基于主体功能区视角提出并立足于各行政区的资源禀赋与功能定位，保证自然资源环境整体功能没有被显著削弱且能自发修复的条件下，实现主体功能区内的经济子系统、社会子系统与生态子系统的可持续协调发展，以及主体功能区整体绩效最大化，主体功能区建设的一切活动都立足于主体功能区开展。

2. 异质主体功能区绩效对生态预算绩效评价的差异需求

与工业社会相比较，生态文明社会发展的内涵发生变化，由单一的经济增长或经济发展变迁为将社会治理、自然资源保护、生态环境防护等都纳入发展的范畴，即发展是由经济发展、社会治理与生态管理组成的三维结构。不同区域的经济发展、社会治理与生态管理的组合也不相同，主体功能区融合了这一发展理念，将不同的区域根据其功能定位划分为优先开发区、重点开发区、限制开发区与禁止开发区四类，这四类主体功能区的评价重心不同。优先开发区绩效评价偏重于产业转型升级、经济发展和技术创新；重点开发区偏重于城镇化、经济发展与人口增长；限制开发区偏重于生态产品的供给能力；禁止开发区偏重于自然文化保全的完整性。在评价这四类不同的主体功能区的生态预算绩效时，除了要评价主体功能区的共性绩效，更加要充分考虑各主体功能区绩效评价的重心，设计满足四类不同主体功能区需求的个性鲜明的绩效评价指标。

3. 主体功能区绩效结构决定生态预算绩效动态评价

绩效是一项特定目的、任务或功能所取得的成就，构成绩效的关键要素包括资源的投入、产出、成果以及过程[100]。若主体功能区绩效关注投入，生态预算绩效评价将围绕投入成本开展；若主体功能区绩效关注产出，生态预算绩效评价将围绕产出效率、产出质量进行评价；若主体功能区绩效强调预算过程，生态预算绩效评价将围绕预算制度设计、执行与报告各环节设计绩效评价指标；若主体功能区绩效关注效果，生态预算绩效评价将围绕目标实现程度设计指标评价绩效。一般生态预算绩效评价兼顾投入、过程、产出与成果，在绩效评价的不同阶段，凸显某个维度，而不是只评价某个维度。

（二）政府绩效评价标准对主体功能区生态预算绩效评价的影响机理

由于政府绩效评价标准服务于政府绩效评价体系的实施，政府绩效评价标准与主体功能区生态预算绩效评价标准之间的相符程度会存在偏差。当政府绩效评价标准与主体功能区生态预算绩效评价标准存在较大偏差时，政府绩效评价标准对主体功能区生态预算绩效评价产生一股阻力；当政府绩效评价标准与主体功能区生态预算绩效评价标准存在较小偏差时，政府绩效评价标准将对主体功能区生态预算绩效评价形成一股推力。政府绩效评价标准影响机理见图4-3。

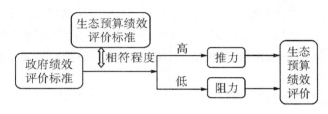

图4-3　政府绩效评价标准影响机理

1. 政府绩效评价标准对生态预算绩效评价产生阻力的原因分析

政府绩效评价标准对主体功能区生态预算绩效评价产生阻力的原因有3个：①政府绩效评价标准影响深远。一直以来政府绩效评价标准广泛，强制应用于各级政府、各个部门，绩效评价主体对政府绩效评价标准十分熟悉，延续时间长，逐步固化于绩效评价主体之中。②政府绩效评价标准与生态预算绩效评价的导向存在偏差。政府绩效评价标准强调生态系统适应经济系统，主体功能区生态预算绩效评价标准强调在生态系统的阈值内发展经济，这是两种完全不同的经济发展理念。③主体功能区绩效评价标准将打破预算相关主体之间原来的利益平衡。政府绩效评价标准是预算相关利益主体长期均衡的结果，主体功能区生态预算绩效评价标准的产生，将解构原资源配置、利益分配格局，重组新的资源配置、利益分配格局，将给预算相关主体中既得利益受益者带来潜在风险。既得利益受益者一般对绩效评价标准的制定影响很大，为了维护自身的利益，降低自身利益的风险，既得利益受益者将极力保证政府绩效评价标准能继续有效地应用，并极力阻止生态预算绩效评价机制的产生与发展。

2. 阻力状态下政府绩效评价标准对预算绩效评价影响的结果

阻力状态下政府绩效评价标准将通过各种渠道影响主体功能区生态预算绩效评价中的各个环节，能驾驭于主体功能区生态预算绩效评价标准之上。在主体功能区绩效评价标准产生之前，游说绩效评价标准的前期论证者采用政府绩效评价标准的基本范式；在主体功能区绩效评价标准制定过程中，游说绩效标准制定主体直接接受政府绩效评价标准成为其核心内容；在主体功能区绩效评价标准运用过程中，尽量减弱主体功能区绩效评价标准的影响。通过各种渠道影响主体功能区生态预算绩效评价标准的产生、制定与执行等各个环节，最终实现政府绩效评价标准具有双重身份：既是各行政区、各部门的绩效评价标准，又是主体功能区绩效评价标准。为此，独立制定主体功能区绩效评价标准，独立执行主体功能区生态预算绩效评价过程，以提高整个主体功能区生态预算绩效评价标准制定、实施的独立性很有必要。与此同时，增强主体功能区生态预算绩效评价标准的兼容性，使得主体功能区绩效评价标准能与政府绩效评价标准兼容或者有效契合，从而减少主体功能区生态预算绩效评价标准制定成本，降低生态预算绩效评价的阻力。

（三）主体功能区生态预算系统对主体功能区生态预算绩效评价的影响机理

在主体功能区生态预算系统对自然资源环境有计划地实施管理的过程中，除了生态预算流程比较合理，与此同时，还能精准地获取自然资源环境实时的状态、变化趋势等信息。这需要主体功能区生态预算系统与外界能不断地进行资金与信息交换，生态预算系统内部结构能持续根据外部环境不断自我优化，使得外部环境与生态预算系统、生态预算系统内部各子系统、要素充分协同，实现系统内部、子系统内部的土地、资金等要素能遵循市场规律纵横交错、无阻碍地高速流动[45]。生态预算绩效评价通过评价主体功能区生态预算系统，保证主体功能区生态预算系统正常运行，实现预期的目标，主体功能区生态预算系统在不断自我优化的同时，还给主体功能区生态预算绩效评价系统提出了新的挑战，可以说生态预算系统与生态预算绩效评价在演进过程中相互影响、协同进化。主体功能区生态预算系统对生态预算绩效评价的影响见图4-4。

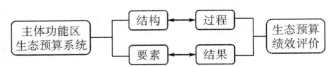

图4-4　主体功能区生态预算系统对生态预算绩效评价影响

1. 主体功能区生态预算系统结构是生态预算静态绩效评价的关键点

生态预算系统结构是指生态预算系统的构成要素按照一定的规则组合并形成稳定的结构，是生态预算系统运行的硬件。根据预算构成要素之间的时间逻辑关系，生态预算系统由预算决策、预算执行、预算报告与预算合作等构成，其中预算执行包括筹资管理活动、投入管理活动、产出管理活动、日常营运管理活动和生态红利分配管理活动等。生态预算系统的合作机制主要包括系统内部预算程序之间的合作与各主体功能区生态预算系统之间的合作。根据生态预算的对象不同，生态预算系统又包括生态经济预算子系统、生态社会预算子系统与自然资源环境预算子系统。预算系统中各类关键要素都是生态预算绩效评价的关键点，主体功能区生态预算绩效评价只要适时跟踪这些关键评价点，就能全面评价生态预算系统结构的完整性。

2. 主体功能区生态预算系统中要素流动决定绩效评价要重视动态绩效

没有资金保障的自然资源环境管理是不切实际的，没有充分信息共享的自然资源环境管理很难有质的提升。主体功能区生态系统中流动的要素包括经济资本、人力资本、社会资本、自然资本与信息资本等，这是生态预算系统的软件。其中，最核心的要素是资金与信息。生态预算系统能对相关信息比较敏锐地获取，为决策提供足够的信息支持，生态预算系统能及时公开各类信息，各行政区、各部门之间能充分共享信息，减少信息孤岛。预算资金能在不同主体功能区之间、单一主体功能区内部以及主体功能区内部各子系统之间自由流动，所有资金能充分、高效利用。资金充分、高效使用、信息高度共享是主体功能区生态预算追求的理想状态。通过生态预算绩效评价可以对主体功能区生态预算系统中的资金、信息跟踪评价，促进生态预算系统中的资金、信息等关键要素的流动状态无限逼近理想状态，从而有效带动土地、水等自然资本高效利用。

（四）主体功能区生态预算相关主体对主功能区生态预算绩效评价的影响机理

主体功能区生态预算相关主体主要包括生态投资者、受益者、生态预算决策者、执行者、监督者与绩效评价主体，这些主体对生态预算绩效评价的影响主要表现在预算绩效信息的供给与需求上。生态预算决策者、预算执行者影响生态预算绩效信息的供给，生态投资者、生态受益者影响生态预算信息的需求，预算绩效评价主体主要是对生态预算信息的供给进行评价，满足生态预算信息需求者的需要。预算相关主体通过对预算绩效信息的供给与需求直接或间接产生影响，预算相关主体对主体功能区生态预算绩效评价的影响机理见图4-5。

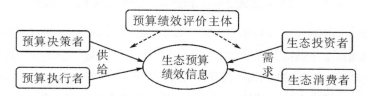

图 4-5　预算相关主体对主体功能区生态预算绩效评价的影响机理

1. 生态投资者、受益者需求生态预算信息

由于现行生态预算决策、执行主体合一，预算监督主体缺位，生态成本难以计量，生态预算信息报告制度不完善，生态预算信息不对称等会导致生态预算信息虚假报告出现的概率明显提高，生态投资者与受益者不会过分依靠生态预算决策者、执行者披露的各类生态预算信息做出决策。但是在生态预算信息获取来源比较单一的情形下，生态投资者与消费者很难通过其他渠道获取生态预算信息，为了降低生态投资、消费决策中的风险，生态投资者与消费者客观需要第三方对决策者与执行者披露的各种生态预算信息的真实性做出客观的评价。为了满足各类投资者、消费者的需要，生态预算绩效评价主体应遵循绩效评价的基本原则，以绩效评价标准为准绳，对生态预算的过程信息、结果信息、静态与动态预算绩效信息进行独立、客观、公正、全面的评价。

2. 生态预算决策者、执行者供给生态预算信息

生态预算决策者、执行者在生态预算过程中的行为与行为结果是生态预算绩效评价的主要对象。当生态预算决策者、执行者的行为状态、行为结果与预期目标存在重大偏差时，在信息不对称的条件下，生态预算决策者、执行者将会对外披露虚假信息。为了使披露的虚假信息不被识别，会产生强烈的寻租动机，积极向预算绩效评价主体寻租，以保证生态预算绩效评价结果与自身披露的预算信息一致，必要时会俘获绩效评价过程，使生态预算绩效评价过程完全失去公正且绩效评价结果不客观。当主体功能区内包括多个行政区时，在主体功能区开发利用的自然资源约束非常严格的条件下，出于本行政区可开发利用更多的自然资源，各行政区也存在向主体功能区生态预算绩效评价主体寻租的动机甚至俘获生态预算绩效评价主体与评价过程，使绩效评价结果对本行政区更加有利，以便以后年度中本行政区能获得更多自然资源、环境资源的使用额度。

3. 绩效评价主体独立评价决定生态预算绩效评价的质量

生态预算绩效评价主体根据绩效评价的基本规则，评价供给的生态预算信息能否满足信息的基本质量特征：①真实性。真实性是指生态预算信息客观，没有虚假信息，信息可验证。②相关性。相关性是指预算信息能满足相关主体的共性需求，服务于相关决策者决策。③透明性。透明性是指生态预算信息作为一种准公共产品，供给相关者必须将其及时公开。生态预算绩效评价主体能否独立、客观地开展评价，对绩效评价主体的道德水准、专业胜任能力、独立性与专家构成结构都有要求。一般绩效评价主体由第三方的行业专家独立实施评价，且评价主体的职业道德水准越高，其评价越客观、公正，独立性越强，

绩效评价的质量越高。

综合分析各因素对主体功能区生态预算绩效评价的影响可知，主体功能区生态预算绩效评价与政府预算绩效评价相比较，在以下4个方面有所突破：①生态预算绩效评价基本导向转变为以主体功能区为评价单元，以主体功能区可持续协调发展为目标。②亟须重新构建主体功能区绩效评价标准作为主体功能区生态预算绩效评价的标尺。③生态预算绩效评价既要评价生态预算系统的静态绩效与动态绩效，又要评价预算过程绩效与结果绩效。④生态预算绩效评价要独立、客观、公正。

二、主体功能区生态预算绩效评价目标

主体功能区规划的战略是构建高效、协调、可持续的美好家园[101]，可见主体功能区发展的战略目标包括三层含义：①高效。高效是指主体功能区复合生态系统及内部各子系统运行效率高，强调发展质量、创新发展。②协调。协调是指主体功能区内部经济子系统、社会子系统与生态子系统能协调发展，主体功能区之间能协调发展。③可持续。可持续是指主体功能区发展立足于自然资源环境存量，不破坏生态动态均衡机制，在生态系统自我修复的能力范围之内发展。只有围绕主体功能区发展战略目标确定主体功能区生态预算绩效评价目标，主体功能区生态预算绩效评价目标才能与主体功能区建设目标一致，主体功能区生态预算绩效评价才能有助于实现主体功能区规划战略目标。综合考虑主体功能区战略目标的三层含义与预算绩效评价的目标具体要求，将主体功能区生态预算绩效评价目标确定为：实现主体功能区经济子系统、社会子系统与生态子系统的高效可持续协调发展。在此基础上，考虑到四类主体功能区的共性与个性差异，将预算绩效评价的目标进一步分解为静态绩效评价目标与动态绩效评价目标。静态绩效评价目标结合四类主体功能区生态预算流程确定，对四类主体功能区来说静态绩效的评价目标相同；动态绩效评价目标是针对四类主体功能区的差异主体功能设计的个性化目标。同时考虑四类主体功能区与主体功能区内部的三大子系统，四类主体功能区生态预算绩效评价目标矩阵见表4-1。

表 4-1　四类主体功能区生态预算绩效评价目标矩阵

主体功能区类型	具体量化目标		
	静态绩效目标	动态绩效目标	
优先开发区	生态预算流程运行高效	投入产出效率、协调发展度、居民幸福指数	
重点开发区		四类主体功能区同等重要	经济绩效目标、社会绩效目标
限制开发区（农业）			社会绩效目标、生态绩效目标
限制开发区（生态）			
禁止开发区			生态绩效目标

资料来源：本表根据本书内容整理制作。

三、主体功能区生态预算绩效评价原则

在主体功能区生态预算绩效评价目标的基础上，同时考虑关键影响因素对主体功能区生态预算绩效评价的影响。在主体功能区生态预算绩效评价过程中，应遵循四大具体原则。

（一）主体功能区绩效优于政府绩效、部门绩效

1. 主体功能区绩效优先实质是整体绩效、协调绩效与长期绩效优先

主体功能区绩效优先于政府绩效实质是整体绩效优于局部绩效、协调绩效优于单元绩效、长期绩效优于短期绩效的体现。①整体绩效优于局部绩效。政府绩效（或部门绩效）局限于本行政区或本部门，各级政府或部门以追求本行政区或本部门绩效最大化为目标甚至以牺牲其他行政区或其他部门的绩效、区域整体绩效与国家整体绩效为代价。主体功能区绩效强调在主体功能区整体绩效的最大化条件下，实现各行政区、各部门的绩效最大化，必要时为了实现整体绩效最大化，可能会牺牲某些行政区或某些部门的绩效。②协调绩效优于单元绩效。长期以来，政府以经济发展为中心，片面理解发展就是经济发展，社会绩效、生态绩效是经济发展的副产品。主体功能区绩效是以协调理论为基础，强调经济发展、社会治理与生态管理协调发展。③长期绩效优于短期绩效。政府预算是年初预算、年末决算，实践中虽然有中长期规划、五年规划，但是政府长期预算还是比较少，尤其是对自然资源环境的管理采取短视化管理比较严重。主体功能区绩效强调自然资源环境对经济、社会的长期影响，对自然资源的使用，不仅要考虑对当代人的影响，还要考虑对后代人的影响。

2. 凸显主体功能区绩效在绩效评价中的地位

针对主体功能区绩效与政府绩效的地位，有学者从主体功能区绩效与政府

绩效耦合角度来构建国家主体功能区整体绩效评价模型[76]，将主体功能区绩效与政府绩效置于同等地位，通过"双头"引导开展绩效评价工作。两类绩效的协调性差，会显著降低生态预算绩效评价工作的效率与质量。为了减少政府绩效评价标准对生态预算绩效评价的干扰，使生态预算绩效评价在主体功能区绩效导向下有序进行，可以从两方面入手：①各级政府、部门树立主体功能区发展理念。主体功能区建设主要依托于各级政府与部门才能有效推进，只有各级政府、部门具有主体功能区发展理念，主体功能区建设的各项措施才能切实落实。国家可以考虑在相关的绩效评价法规中明文确定主体功能区绩效评价的法律地位，积极引导各级政府与各部门广泛采纳主体功能区绩效评价体系，提高其影响力、权威性与约束力，在条件具备的情况下可以全面强制推行。②政府科学设计主体功能区绩效评价体系。政府要广泛引导理论与实践专家开展有关主体功能区绩效的理论研究，厘清主体功能区绩效与政府绩效的联系与差异，为主体功能区绩效评价体系的构建提供足够的理论支撑，在此基础上形成认同度高、操作性强的主体功能区生态预算绩效评价标准来取代现行的政府绩效评价标准，成为主体功能区生态预算的行为标准。

（二）生态绩效优于经济绩效

1. 提升主体功能区生态绩效就是提升长期经济绩效

可持续发展以环境生态系统与气候的可持续为基础[102]。为了凸显生态系统不可替代的地位，2001 年美国的莱斯特·R. 布朗在其所著的《生态经济：有利于地球的经济构想》一书中提出经济系统是生态系统的一个子系统，极大地延伸了生态价值的范畴。有学者对自然资源产品的价值结构进行分解，认为自然资源产品除了具有经济价值，还具有生态价值、社会价值，且自然资源的这 3 种价值是不可分割的，经济价值的不断开发必然引起生态价值与社会价值的流失和缺损[103]。由此可见，不能孤立地追求自然资源的经济价值，否则会严重影响自然资源的使用寿命，进一步影响自然资源经济价值属性甚至完全丧失经济价值，不得不花巨资来修复自然资源环境，延长其使用寿命，恢复自然资源的经济价值。现实中巨额的污染治理成本、生态修复成本佐证了破坏生态系统就是严重损害经济价值这一观点。

2. 提升生态绩效就是提升主体功能区整体绩效

强调经济绩效优于生态绩效，会导致生态系统长期处于超负荷状态，随着自然资源环境高消耗，其安全边距越来越小，直至生态系统崩溃。经济增长会受自然资源的遏制，导致主体功能区复合生态系统崩溃，将永远无法实现经济增长的目标。生态系统成为主体功能区可持续发展的短板，制约主体功能区生态经济的发展，区域整体发展绩效的最大值由生态短板决定，如果延长生态短板，区域整体绩效能大幅度提升。根据"短板理论"可知，提升主体功能区生态短板有 3 条路径：①延长生态系统这一短板的长度；②延长生态系统这一短板的使用寿命；③增厚生态系统这一短板。一般在提升生态系统这一短板时，综合采取这 3 种路径，才能使提升后的生态短板既长又结实。

3. 提升生态绩效能化解生态供需基本矛盾

当人类对农产品、工业产品的需求得到极大满足后，生态产品同农产品、工业品一样，也就成为人类生存发展所必需的。人类对自然资源的要求已经由单一的经济价值逐渐转向对生态价值与社会价值的需求[103]，居民对生态产品尤其是优质生态产品需求越来越迫切[101]。此时，生态系统供给的生态产品不能满足人类对生态产品的需求，便产生增长型的经济系统对自然资源环境的无限需求与稳定型生态系统的对自然资源环境的有限供给之间的矛盾[103]，化解这一基本矛盾的根本方法就是高效利用有限的自然资源环境，即提升生态绩效。通过借助主体功能区生态预算绩效评价，分析生态产品供需失衡程度；借助生态预算，重新配置经济子系统与生态子系统中的各类资源；在供给生态产品过程中，协调好生态产品供给的数量与质量；在生态产品供需中，寻找新的动态均衡点；防止自然生态资源低效使用与浪费，使经济子系统、社会子系统对生态产品的需求不会超过生态子系统对生态产品的供给能力。

（三）主体功能区采取差异化绩效评价标准

1. 异质主体功能区采用不同的绩效评价标准

国家主体功能区根据其开发方式的不同划分为优先开发区、重点开发区、限制开发区与禁止开发。这四类主体功能区的绩效评价重心均不同：优先开发区实行转变经济方式优先的绩效评价；重点开发区实行工业化、城镇化水平优先的绩效评价；限制开发区的农产品区实行农业发展优先的绩效评价，限制开发区的重点生态功能区实行生态保护优先绩效评价；禁止开发区强化对自然资源原真性和完整性保护情况评价[30]。四类主体功能区绩效评价重心的差异明显，因此绩效评价的标准也就存在一定的差异，其差异也体现在生态预算绩效评价指标方面。

2. 不同层次的同质主体功能区的绩效评价标准也不同

某一主体功能区的主体功能不是一成不变的，可能存在质变与量变两种可能，但是不管主体功能发生质变还是量变，变化前后的生态预算绩效评价标准都存在一定的差异。①主体功能质变前后的预算绩效评价标准不同。四类主体功能区存在异质主体功能区相互转换的情形。随着主体功能区其他非主体功能的突起，取代现有的主体功能时，该主体功能区的性质发生了变化，如重点开发区向优先开发区转化、限制开发区向禁止开发区转化、限制开发区中的农产品区向重点生态功能区转化等。主体功能变化前后采取同一绩效评价标准是不合理的，变换后应采取新的绩效评价标准。②主体功能量变前后的预算绩效评价标准也存在差异。当影响主体功能区绩效的因素不断发生变化，现行的绩效评价标准很难满足评价需求，适时调整、改进与优化现有的绩效评价标准，适应新环境的需要，很有必要。存在量变的绩效评价标准的差异，主要体现在绩效评价指标权重方面。

（四）第三方独立评价优于自我评价

在主体功能区生态预算管理主体自我评价的基础上，积极引入第三方独立评价，以此为基础形成最终评价结论。整个绩效评价中以第三方中介评价为主，自我评价为辅，这主要是在于：①自我绩效评价的本质属于内部控制。自我评价是组织内部进行的评价，属于内部控制的范畴，不是真正意义上的绩效评价，自我评价取决于内部控制的有效性，如果内部控制有效，自我评价才有意义，如果内部控制低效或无效，自我评价也就没有存在的必要。②只有第三方绩效评价专家才能胜任复杂的生态绩效评价。由于主体功能区生态预算绩效评价涉及生态、环境、预算与经济多个领域，绩效评价专家只有具有丰富的专业知识、能全局掌握主体功能区生态预算各个环节，才能胜任绩效评价工作。在第三方中介评价中，绩效评价主体一般是在行业协会的专家、高校教授中产生，他们完全具备这些条件。③第三方中介评价独立性很强。独立的第三方中介评价主体一般不会直接参与主体功能区生态预算管理，主要从事主体功能区生态预算的研究或参与生态预算决策，不管从形式上还是实质上都是独立的，由他们对主体功能区生态预算的绩效进行评价，能客观、公正地评价主体功能区生态预算绩效。

四、主体功能区生态预算绩效评价维度

设计绩效评价指标是绩效评价的核心内容，也是绩效评价目标具体化的过程。国内部分学者对生态预算绩效评价进行研究，认为政府生态预算绩效评价指标体系应由决策绩效与执行管理绩效两大模块组成，将执行管理绩效进一步划分为执行过程绩效与执行结果绩效[37]。在此基础上，有学者从政府预算决策、投入及反馈3个阶段设计评价指标[104]。现有研究成果比较重视预算程序的绩效评价，对预算结果的评价指标设计相对比较简单。在生态预算流程还没有规范之前，生态预算流程确实比预算结果更加重要，但当生态预算流程比较规范后，预算结果绩效比预算流程绩效显得更加重要。绩效评价中平衡记分卡是一种综合的绩效评价方法，在实践应用中比较广泛，包括财务、顾客、内部运营、学习与成长4个评价维度。在已有研究成果的基础上，立足于主体功能区，融合平衡记分卡理念，充分考虑生态预算中存在的两条主线：①预算流程主线。生态预算流程包括决策、执行、报告与合作环节。②预算资金流动主线。经济发展资金、社会治理资金与生态环境管理资金经过融资、投入、产出、生态红利分配后，形成一个完整的资金流动循环。设计的平衡计分卡视角的主体功能区生态预算绩效评价基本维度也包括4个，分别是生态预算管理维度、投入产出效率维度、协调发展维度与民生维度，具体见图4-6。生态预算管理相对比较稳定，四类主体功能区可以采取相同的绩效评价指标，在此归属于静态绩效；四类主体功能区的投入产出效率维度、协调发展维度两个维度采取的指标存在一定差异，在此归属于动态绩效；四类主体功能区的民生维度采取相同的指标，但是它属于综合性指标，在此也归属于动态绩效。

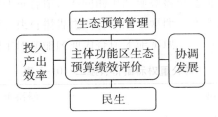

图4-6　主体功能区生态预算绩效评价基本维度

（一）主体功能区生态预算流程管理绩效评价

将主体功能区生态预算流程管理绩效视为主体功能区内部运营维度。生态预算流程管理属于程序性管理，一般比较稳定，四类主体功能区可以遵循相同的生态预算流程。因此，生态预算流程管理绩效评价是四类主体功能区中的共性评价部分，很难采取定量的方法评价，一般采取定性的评价方法。对主体功能区生态预算流程管理绩效评价主要围绕以下四个方面设计评价指标：①生态预算决策绩效评价指标。本书具体从国家宏观层面、主体功能区层面关于顶层制度安排、主体功能区生态预算系统设计两方面进行评价。②生态预算执行绩效评价指标。本书具体从主体功能区的经济子系统、社会子系统、生态子系统中的预算资金执行过程与执行结果设计评价指标。③生态预算报告绩效评价指标。本书具体从生态预算信息报告的形式、内容等方面设计评价指标。④生态预算合作绩效评价指标。本书具体从生态预算系统中的预算决策、执行、报告之间的合作，生态经济预算子系统、生态社会预算子系统与生态资源预算子系统之间的合作以及生态预算系统之间的合作等方面设计评价指标。

（二）主体功能区投入产出效率评价

将主体功能区投入产出效率视为主体功能区财务维度，一般评价区域投入产出效率。首先是选取投入指标与产出指标，其次借助投入产出模型，计算其投入产出效率。这里不是借助投入产出模型计算投入产出效率，而是将投入产出关系效率融合到具体的指标中去，通过一系列能反映投入产出效率的单一评价指标组合成指标体系分别来描述区域经济子系统的投入产出、社会子系统的投入产出与生态子系统的投入产出，最后在此基础上计算区域投入产出效率。主体功能区投入产出效率属于动态绩效评价的组成部分，一般采取定量评价方法，可以评价主体功能区经济子系统、社会子系统与生态子系统的投入产出效率。①经济发展绩效评价[43]。本书主要从经济发展中自然资源的消耗与经济发展水平（质量）两方面设计评价指标。②社会治理绩效评价。本书主要从社会治理过程中消耗的自然资源、民生福祉两方面设计评价指标。③生态管理绩效评价。本书主要从生态管理投入、生态环境质量两方面设计评价指标。

（三）协调发展维度评价

将主体功能区协调发展维度视为主体功能区学习与成长维度，主要评价主体功能区协调发展能力能否保证主体功能区持续协调发展。主体功能区内，经济子系统、社会子系统与生态子系统之间的协调度评价属于生态预算绩效评价中的动态绩效组成部分，在投入产出效率的基础上计算经济子系统、社会子系统与生态子系统的协调发展度。通过计算主体功能区内经济子系统、社会子系统、生态子系统的协调发展度指标，可以评价主体功能区是否具备可持续协调发展的能力。

（四）民生维度评价

民生维度是衡量主体功能区生态预算的综合结果，主要是采取居民幸福指数指标评价。居民幸福指数是居民对某一区域经济、社会与生态综合反映的最终结果。居民幸福指数受经济产品、社会产品与生态产品这三类产品综合影响，可以相互替代，不同区域的经济产品、社会产品与生态产品的产出结构也不同，但是居民幸福指数可能相同。通过评价居民幸福指数可以间接评价主体功能区经济子系统、社会子系统与生态子系统发展的综合绩效。发展经济、加强社会善治、推进生态环境建设都是为了提升居民幸福指数，提升居民幸福指数是新时期全面推进科学发展的根本目的与出发点[105]。国外学者倾向于研究主观幸福感，系统梳理了影响主观幸福感的因素，包括收入、个人特征、教育、健康、工作、家庭生活、年龄、失业、通货膨胀、社会福利、公共安全、公平、气候与自然环境、贫困、城市化等[106]，这些因素可以划分为经济因素与非经济因素。关于居民幸福指数评价指标，从广义的角度来看，涵盖经济、健康、家庭、职业、社会状况与环境条件6个方面[107]；从狭义的角度来看，涉及生理、安全、社交尊重与自我实现4个需求层次[108]。人的需求是多方面的，包括对经济产品、社会产品与生态产品的综合需求，不同主体功能区的居民对经济产品、社会产品与生态产品的需求偏好也不同。优先开发区、重点开发区居民的经济产品与社会产品比较充足，在环境日益恶化的情况下，更加偏好于生态产品；限制开发区、禁止开发区居民所处的生态环境比较好，限制开发或禁止开发使得居民的经济产品与社会产品不充裕，因此，更加偏好经济产品与社会产品。可以说生态产品对优先开发区、重点开发区居民幸福感影响较大，而经济产品与社会产品对限制开发区、禁止开发区居民幸福感影响较大[109]。借鉴现有研究成果，将居民幸福指数用居民满意度、居民幸福感两个指标描述，由于两个指标的重要性很难区分，因此其权重各占50%，居民幸福指数计算公式为：

$$居民幸福指数 = 居民满意度×50\% + 居民幸福感×50\%$$

居民满意度、居民幸福感两个指标通过问卷调查，由被调查对象采取5级量化打分获得。

第五章 主体功能区生态预算静态绩效评价指标体系

第一节 主体功能区生态预算静态绩效评价指标设计思路

生态预算流程是生态预算系统的硬件，一般由预算决策、执行、报告与合作等关键程序组成，构建比较固定、运行规律明显。四类主体功能区生态预算流程相似度高、很稳定。基于此，将主体功能区生态预算流程绩效界定为生态预算静态绩效，主体功能区生态预算静态绩效评价指标主要是针对生态预算流程中的决策、执行、报告、合作等环节设计[110]。

一、主体功能区生态预算决策绩效

决策是组织或个人为实现某种目标而对未来一定时期内有关活动的方向、内容与方式的选择或调整的过程[111]，完整科学的决策基本确定了活动的目标、行动基本原则和行动方案。主体功能区生态预算不同于政府生态预算，是政府立足于主体功能区管理自然资源环境的新模式，其决策过程主要解决两个问题：生态预算顶层制度安排和具体的生态预算系统设计。

（一）生态预算顶层制度安排

主体功能区生态预算在我国起步比较迟，发展也比较缓慢，与生态预算相关的顶层制度并没有形成体系，主要零散分布在《中华人民共和国预算法》《中华人民共和国会计法》《中华人民共和国环境保护法》等相关法律与法规之中。缺乏系统的顶层制度设计的主体功能区生态预算对自然资源环境的管理影响非常有限，主体功能区作为国家发展战略的重要组成部分，国家层面的顶层制度安排是基础性的，且需要从整体视角制定各层次的法规，使各主体功能区对自然资源环境的预算管理有章可循，促进各部门协调管理、利用自然资源。为了使主体功能区生态预算有法可依，规范生态预算程序，各级政府与部门应协调管理自然资源环境，增强各主体功能区生态预算信息可比性，同时加强生态预算顶层制度设计。

（二）具体的生态预算系统设计

生态预算的法律、法规以及生态预算应用指南是进行生态预算的法律依据。实现生态预算还必须有成熟的技术支撑系统，主体功能区生态预算系统是实现主体功能区生态预算的最佳技术支撑系统。主体功能区生态预算系统是否成熟、科学，可以从生态预算系统的目标是否明确、生态预算系统的前期论证是否充分、生态预算系统是否科学合理等方面来判断。而科学论证的重要内容包括主体功能区生态预算系统的层次、结构两个方面：①生态预算系统的层次适当。主体功能区生态预算既要国家及地方政府等宏观主体参与，也离不开组织、个人等微观主体，可以说主体功能区生态预算是全员参与生态预算。由于参与主体功能区生态预算的主体比较多，而这些主体之间存在一定的隶属关系，主体功能区生态预算不能像政府预算一样层次太多，否则会影响预算效率。其中组织预算包括营利性组织与非营利性组织等不同组织的生态预算，可以缩短生态预算的层次，有利于生态预算的纵向控制。②生态预算系统的结构。从生态预算系统影响的领域来看，生态预算划分为经济子系统生态预算、社会子系统生态预算与生态子系统生态预算三大模块；从生态预算流程来看，生态预算由决策、执行、报告与合作等基本要素组成。只有将预算模块与预算要素深入融合，才能形成完整的、科学的主体功能区生态预算系统。因此，评价主体功能区生态预算系统，主要从生态预算系统目标、生态预算系统前期论证、生态预算系统的层次与结构3个方面设计评价指标。

二、主体功能区生态预算执行绩效

高质量的生态预算同时离不开高效的预算执行，只有无私的制度执行者加上科学的制度执行程序，制度执行的结果才能公平[111]。由于自然资源准确计量很难，环境状况变化复杂，必须给予预算执行主体一定的弹性空间，及时调整预算、应对复杂情形，提高预算管理的有效性。但是在生态预算执行信息披露不充分、监督机制缺位的情形下，赋予预算执行主体大量预算弹性空间，预算执行主体极易产生道德风险与逆向选择。这是主体功能区生态预算执行中客观存在的矛盾，化解这一矛盾的主要路径是规范预算执行过程。研究表明，制度执行机制技术化、逻辑化可以减少制度执行中人为因素的影响[112]。主体功能区生态预算的执行程序主要由预算资金筹集、投入、过程与产出等环节组合而成，各环节都有一定的技术标准。主体功能区生态预算各环节的技术要求整理见表 5-1。[110][113-114]评价预算执行程序绩效，具体是从评价筹集、投入、过程与产出等具体环节的技术特征与执行过程的合规性、合理性入手。因此，对执行过程中的程序技术特征的评价，主要是对预算资金核算制度、预算管理组织结构与管理制度、预算执行的合规性与合理性等方面进行评价。

表 5-1　主体功能区生态预算各环节的技术要求整理

执行环节	技术要求
生态筹资	①筹资方式与渠道。预算主体能充分意识到生态预算资金是有限的，必须积极采取各种筹集方式，获取足够的资金，满足生态投入的需要。筹集生态领域资金的渠道多元化，广泛调动民间资金进入生态领域，缓解生态资金的需求短缺 ②筹资成本。生态预算主体树立预算资金成本观，生态筹资要综合考虑各种筹资渠道与筹资方式的资金成本，同等条件下采取低成本筹资组合 ③筹资风险。使筹资风险限制在相关主体可接受范围之内
生态投入	①各环节的投入。同环境污染相关的支出有：受害补偿、损害减轻成本、恢复复建成本、预防成本、交易成本与行政成本。主要涉及生态环境预算支出、日常管理与监督支出以及事后修复支出，尤其是加大预防支出，重视事前控制 ②各领域投入。主要是对经济子系统、社会子系统与生态子系统的投入分配
生态管理	①完善和健全的生态管理制度。保证生态预算执行过程主要是通过预算执行管理制度的持续约束，既可以使生态预算执行规范化，也可以预防相关主体主观影响预算执行的过程，客观要求生态管理制度完整、健全 ②广泛参与的多元组织管理模式。生态组织管理模式主要有政府主导型、社会参与型、社会推进型三种。在市场机制不是很成熟、社会参与积极性不是很高时，主要采取政府主导型组织管理模式；随着市场机制越来越成熟、社会参与度越高，逐步过渡到社会参与型组织模式，最终主要采取社会推进型组织管理模式

表5-1(续)

执行环节	技术要求
预算执行	①执行的合规性。合规性是针对没有预算弹性空间的生态预算项目，要严格按照生态预算法律法规体系、事先编制的生态预算执行。由于生态预算编制之前进行了实地调研、科学论证、专家咨询与公开听证，根据预算相关法律法规编制的生态预算，可以说生态预算是预算法规在主体功能区生态预算实践中的具体描述，其具有很高的科学性与权威性。在预算执行过程中，不能随意变更、调整，必须严格按照预算执行，避免出现预算执行随意。如果严格按照预算执行，执行不存在随意性，说明预算执行是合规 ②执行的合理性。合理性是针对有弹性空间的生态预算项目，预算执行的合理性是指预算执行主体合理的使用预算弹性空间。在预算值的上下存在一个区间值，预算执行主体为了应对不确定性不得不使用低于或高于预算值的弹性空间。如果本应选择高于预算值的弹性空间，而选择了低于预算值的弹性空间，或本应选择低于预算值的弹性空间而选择了高于预算值的弹性空间，都认为预算执行不合理；如果本应选择高于预算值的弹性空间，实际也选择了高于预算值的弹性空间，且没有超过极值点，或本应选择低于预算值的弹性空间，实际也选择了低于预算值的弹性空间，且没有超过极值点，认为预算执行合理

资料来源：石意如. 主体功能区生态预算流程绩效评价研究［J］. 广西社会科学，2015（2）：66–72.

三、主体功能区生态预算报告绩效

（一）生态预算报告绩效

Chan J. I.（2010）提出了包括财务报告的目标、报告制度的信息产品、财务报告的指定编制机构、决定财务报告形式和内容的政策、建立财务报告制度过程的政府财务报告系统在内的 5P 模型[115]。借鉴政府财务报告系统 5P 模型，设计主体功能区生态预算信息报告 5P 模型，包括报告目标、报告政策、报告主体、信息产品与报告形式等要素。5P 模型下的主体功能区生态预算信息报告各要素及内容整理分析见表 5-2[110]。主体功能区生态预算报告绩效评价，可以围绕主体功能区生态预算绩效 5P 报告模型设计具体的绩效评价指标。

表 5-2　5P 模型下的主体功能区生态预算信息报告各要素及内容整理分析

报告要素	要素具体内容
报告目标	①层次目标。既站在主体功能区高度反映经济、社会与生态协调发展相关的生态预算信息，也反映各行政区相关的生态预算信息 ②结构目标。既反映预算过程与结果信息，也预测预算过程与结果信息
报告政策	报告政策可以使预算信息报告稳定化与常态化，政府可以组织专家制定主体功能区生态预算报告准则，由基本准则、具体准则与配套指引组成

表5-2(续)

报告要素	要素具体内容
报告主体	①各级政府的联席会议。由主体功能区内所有行政区的联席会议作为报告主体对外报告生态预算信息，是各级政府共同博弈的结果。生态预算信息不一定能全面反映预算状态，为了平衡主体功能区各行政区利益，需要长时间协调才会有结果，报告效率较低 ②大部制下各级政府的共同上级环境部门。大部制是指环境部门能对所有生态自然资源环境各个环节统一管理，比传统环境部门的管理范畴广、职能多，能系统、全面地管理主体功能区生态自然资源环境，可以避免各级政府的共同影响生态预算信息的真实性，报告效率较高 ③中心城市。以中心城市为报告主体，报告效率较高，但是要求中心城市必须客观公正，从主体功能区全局角度履行报告主体角色；否则会只从中心城市利益出发，将严重影响预算信息报告质量
报告形式	在个人生态预算报表与组织生态预算报表的基础上，编制合并生态预算报表，加上预算绩效报表、成本报表与财务报表，以生态预算报告的形式，定期或不定期的对外披露
信息产品	①信息产品构成。将主体功能区生态预算绩效信息划分为：基础信息、主体信息与辅助信息三大块。基础信息：预算报表+成本报表。由于主体功能区生态预算决策信息、预算过程信息与预算结果信息是分析主体功能区生态预算绩效的基础数据，这些数据的主要载体是生态预算报表与预算成本报表。因此，预算信息报告的基础数据主要由生态预算报表与预算成本报表组成。主体信息：预算绩效报表。预算主体信息是在预算基础信息的基础上，采取财务效益分析、经济效益分析与生态效益分析的方法，借助系列的绩效评价指标，分析主体功能区生态预算决策绩效、过程绩效、结果绩效与合作绩效，形成生态预算绩效报表。生态预算绩效报表是预算绩效主体信息的载体。因此，预算绩效主体信息主要由预算绩效报表组成。辅助信息：辅助信息是对主体信息的辅助说明，具体是对主体功能区生态预算信息中具体的子系统绩效、主体功能区生态预算绩效的结构以及一些不确定绩效等进行说明，使生态预算相关主体能掌握充分的预算信息，对生态预算绩效有一个全面的了解 ②信息产品质量特征。在这参考企业财务报告信息的基本质量特征要求，设计主体功能区生态预算信息质量特征包括真实性和相关性。第一，真实性。在生态预算报告制度不健全、信息报告大环境不成熟阶段，生态预算信息报告首先强调真实性，其次再满足生态预算绩效管理的需求。强调真实性的预算信息有助于预算信息报告的各项行为、各项规范制度逐步完善，也有助于预算报告主体不会偏离披露真实可靠的信息才是信息报告的初衷。第二，相关性。当生态预算绩效报告制度逐步完善、各项信息报告行为逐步规范、信息报告大环境比较成熟时，生态预算绩效信息的真实性已达到一定水平，可以长期免检时，此时信息供给者应考虑如何提升预算信息的使用价值，对外报出的信息不再是多余的信息，而是有助于生态预算绩效管理、生态投资者决策的相关信息。可以考虑在历史信息的基础上，尽可能增加分析性信息与预测信息

资料来源：石意如. 主体功能区生态预算流程绩效评价研究. 广西社会科学，2015（2）：66-72.

（二）生态预算绩效报告环境建设

生态预算信息作为一种新型的信息产品，其供需市场并不成熟，通过培育成熟的生态预算信息市场可以促进生态预算信息的供给需求机制形成。一旦生态预算信息市场的供给需求机制形成，生态预算信息产品的供给与需求由市场机制调节，可以减少看得见的手干预。生态预算信息市场构建可以采取"两头并进、无缝对接"的思路。"两头并进"中的一头，是积极培育生态预算绩效需求市场，产生对生态预算绩效信息的强烈需求，对预算信息报告制度产生一股拉力。生态预算信息需求市场可以从以下几方面入手：①加大生态预算信息相关基础知识的普及力度，增强社会公众对生态预算领域的深入了解，便于公众能理解各类生态预算信息。②积极培育生态投资市场。当市场产生许多的理性生态投资者，这些生态投资者将成为生态预算信息需求的中坚力量，会成为构建生态预算信息市场的重要主体。③培育生态预算绩效独立审计服务行业。生态预算绩效信息独立审计服务行业既是生态预算信息的需求者，也是生态预算信息供给的监督者[116]。"两头并进"中的另一头，是积极构建生态预算信息供给市场，对预算信息报告制度进行完善，给预算信息报告制度实施产生一股推力。生态预算信息供给市场可以从两方面入手：①组织理论与实务界的专家攻克自然资源价值、生态污染损失、生态治理成本等计量难题；②强化对生态预算决策者、执行者业务能力的培训，减少其供给生态预算信息加工的难度。"无缝对接"是指生态预算信息供需市场实现无缝对接，形成完备的生态预算信息市场。对接后的生态预算信息供需市场可以自发动态调节生态预算信息供需平衡机制，使两股力量的作用方向一致，促进生态预算信息市场良性发展。

四、主体功能区生态预算系统合作绩效

基于新区域治理理论认为，合作在协调的基础上有质的超越[117]。张康之（2007）全面论述了后工业时代合作的内涵：合作是明确方向的连续过程，考虑的是合作行为的整体收益，是双方共同行动的结果。合作中不会出现自利，首选道德评判，是真正的自治[118]。可见合作是出于整体利益最大，以道德作为评价的优先标准，自发参与。财政预算以各级政府、各部门为中心，各级政府与各部门之间一般很少有合作，不利于管理自然资源环境。自然资源环境的整体性与流动性也决定各区域不能孤立预算，要以开放、联系的状态进行生态预算；否则，很难实现其预算目标。主体功能区建设蕴含丰富的整体管理理念，主体功能区是一个开放系统，主体功能区内部相关主体能高度协调管理自然资源环境。综合考虑主体功能区内部相关主体、流动要素与预算流程，主体功能区主要在 3 个层面存在合作：①主体功能区层面合作。其合作的主体是主体功能区，是一种跨越单一主体功能区的合作，分为同质主体功能区之间的合作和异质主体功能区之间的合作。②政府层面合作。政府之间的合作既包括同一主体功能区内部多个地方政府之间的合作，也包括不同主体功能区地方政府之间的合作。③子系统层面合作。主体功能区主要由经济、社会与生态三大子系统构成，子系统之间合作既包括同一主体功能区三大子系统之间的合作，也包括不同主体功能区三大子系统之间的合作。主体功能区合作情况见图5-1，图中的"↔"代表主体功能区内部协调线，"⇔"代表主体功能区之间的协调线。对四类不同的主体功能区的协调绩效评价都会涉及这3个层面，政府层面和主体功能区层面的合作机理比较相似，差异体现在子系统层面合作绩效评价，主体功能区合作、政府之间合作分别要突出主体功能区、政府的主体地位，注意避免用子系统合作来替代主体协调。主体功能区这3个层面的合作可以有效促进各种资源要素在子系统内、主体功能区以及主体功能区之间高效自由流动。与此同时，各预算环节之间、各预算主体之间以及各预算子系统之间的合作更多是依赖于预算信息的合作，加强信息共享系统的构建是预算合作的基础。

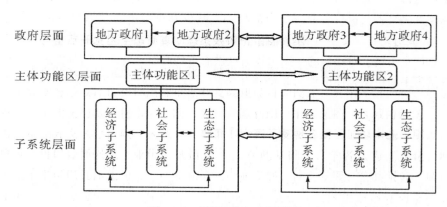

图 5-1　主体功能区合作情况

（一）主体功能区生态预算系统内部合作绩效

主体功能区生态预算系统内部合作主要是指预算流程的合作、生态预算系统内部各子系统之间的合作。①主体功能区生态预算决策、执行、报告之间的合作绩效。预算决策、执行共同影响预算制度的结果，预算报告将预算决策、执行环节相关的信息进行梳理，及时公开，绩效信息能成功进入决策过程、整合预算过程[119]。增强决策、执行的透明度能调动外界相关主体广泛参与生态预算，成为识别预算相关主体不能识别的缺陷与风险的重要力量。生态预算各个环节通过合作能形成一个良性互动、自我提升的预算循环。除政府之外的社会组织、企业与个人广泛参与生态预算，形成一个认同度极高的生态预算系统。②主体功能区内经济子系统、社会子系统与生态子系统之间的合作绩效。

主体功能区作为一个复合生态系统，其内部的经济子系统、社会子系统与生态子系统依存度很高，主体功能区离不开环境、社会、经济三大支柱的合作，研究成果表明只有三者充分合作，主体功能区才能实现可持续协调发展[113]。

（二）主体功能区生态预算系统之间的合作绩效

主体功能区生态预算系统之间的合作，根据合作主体功能区的性质是否相同，可以分为同质主体功能区生态预算系统合作和异质主体功能区生态预算系统合作。①同质主体功能区之间合作。同质主体功能区生态预算系统的设计、运行、报告与评价中存在许多相似之处，它们之间的合作更多的是两个主体功能区更高层面的合作，对各自区域进行生态预算以及统筹管理、利用自然资源环境。②异质主体功能区生态预算系统合作。异质主体功能区生态预算的合作，除了预算流程方面的经验交流、借鉴之外，主要围绕区域之间横向财政转移支付，增强基本公共服务供给能力，逐步缩小两者之间基本公共服务水平的差距，最终实现基本公共服务均等化等方面的合作。

因此，评价主体功能区生态预算合作绩效，主要从主体功能区预算系统内部合作程度与主体功能区预算系统之间的合作程度两个方面设计评价指标。

第二节　主体功能区生态预算静态绩效评价指标

一、主体功能区生态预算流程绩效评价指标

结合上述对主体功能区生态预算决策绩效、预算执行绩效、预算报告绩效与预算合作绩效的规范性分析，本书初步设计了主体功能区生态预算流程绩效评价指标体系。首先，校内专家论证2次。在校内邀请预算类、绩效评价类专家进行讨论，专家包括2名教授、2名正高级会计师、1名注册会计师与3名副教授。专家围绕绩效评价维度、评价指标层次与具体评价指标进行讨论。在听取校内专家修改意见的基础上，本书认为生态预算流程绩效评价指标体系由3个层次组成：一级指标包括预算决策绩效指标、预算执行绩效指标、预算报告绩效指标与预算合作绩效指标四类；二级指标10个，其中，在决策绩效指标、预算执行绩效指标下分别设置3个二级指标，在报告绩效指标、合作绩效指标下分别设置2个二级指标；在二级指标的基础上，进一步设置23个三级指标初步产生主体功能区生态预算绩效评价指标体系。其次，校外专家论证3次。3次论证的专家分别是梧州市财政预算绩效评价专家库中具有高级职称的12名专家、广西拔尖会计人才"十百千"培养项目成员10人及湖南大学工

商管理学院徐莉萍教授的科研团队。论证前一个星期将相关资料发给专家，使专家有足够的时间了解问卷的内容、查阅生态预算相关文献，再集中讨论。归纳整理3次专家论证提出的建议：①建议删除二级指标中生态预算系统层级，合并到生态预算系统结构中；②建议删除三级指标中生态预算系统应用的内外环境成熟度、预算编制的针对性、预算层次衔接程度和预算信息共享4个指标；③将三级指标中生态预算系统层次与生态预算系统结构两个指标合并为一个指标，将三级指标中的执行合理性修改为执行进度。从而形成由4个一级指标、8个二级指标与15个三级指标组成的主体功能区生态预算绩效评价指标体系。修改后的主体功能区生态预算程序绩效评价指标体系见表5-3[120-121]。

表5-3　修改后的主体功能区生态预算程序绩效评价指标体系

目标	一级指标	二级指标	三级指标
生态预算程序绩效综合评价 A	预算决策绩效（B1）	顶层制度设计（C1）	生态预算法规健全（D1）
			生态预算相关法规之间协调（D2）
		生态预算系统设计（C2）	生态预算目标（D3）
			生态预算系统的前期论证（D4）
			预算系统层次与结构完整性（D5）
	预算执行绩效（B2）	预算执行组织与管理制度（C3）	生态预算执行组织（D6）
			生态预算执行相关管理制度（D7）
		预算执行合规性与合理性（C4）	生态预算执行合规（D8）
			生态预算执行进度（D9）
	预算报告绩效（B3）	预算报告形式（C5）	生态预算报告内容完整（D10）
			生态预算报告及时（D11）
		预算信息质量（C6）	生态预算信息真实（D12）
			生态预算信息透明（D13）
	预算合作绩效（B4）	预算系统内部合作（C7）	决策、执行与报告之间合作（D14）
		预算系统之间合作（C8）	不同主体功能区生态预算系统之间的合作（D15）

资料来源：主要参考2011年由财政部发布的《财政支出绩效评价管理暂行办法》。

二、主体功能区生态预算程序绩效评价指标说明

15个三级指标组成的主体功能区生态预算绩效具体评价指标整理详情，

见表 5-4。

表 5-4　15 个三级指标组成的主体功能区生态预算绩效具体评价指标整理详情

具体指标	指标描述与说明
生态预算法规健全性	生态预算在法律中的地位，是否由法律、法规、规章形成完整的法律体系
生态预算相关法规之间协调	法规内部、与其他法规是否存在矛盾
生态预算目标	生态预算目标明确、细化、量化程度
生态预算系统的前期论证	设计生态预算系统之前，进行调研、前期研究、论证等工作是否充分
预算系统层次与结构完整	对预算编制、执行、调整、监督与评价是否有对应的模块
生态预算执行组织	预算执行的组织保障
生态预算执行相关管理制度	执行各环节管理制度是否健全性，制度执行是否有效性，制度执行是否可控
生态预算执行合规	预算是否有违规筹资、拨款、占用与挪用等情况
生态预算执行进度	预算执行与预期计划的进度是否一致
生态预算报告内容完整	预算报告是否包括所有报告要素
生态预算报告及时	是否存在延期报告
生态预算信息真实	报告内容的真实程度
生态预算信息透明	预算信息公开程度
决策、执行与报告之间合作	预算执行各环节合作程度
不同主体功能区生态预算系统之间的合作	相同类型主体功能区生态预算合作程度

资料来源：本表根据本书内容整理制作。

第三节　静态绩效评价指标权重确定

生态预算流程绩效主要涉及决策、执行、报告与合作等环节，预算流程具有很强的技术性，受区域影响不大。所以，四类主体功能区在进行程序绩效评价时，采用同一套绩效评价指标体系，各指标的权重相同。

一、确定绩效评价指标权重的方法

常见的确定指标权重的方法有德尔菲法、层次分析法、主成分分析法和变异系数法等，这些有的是通过专家打分确定指标权重，有的是根据客观数据确定指标的权重。专家打分法的优点是如果专家是该领域的权威专家，其对评价指标评判具有一定的前瞻性，但是该方法具有很强的主观性，其确定的评价指标权重是否合理主要取决于专家对该领域是否了解，在打分之前是否有足够的思考时间。根据客观数据确定的指标权重，克服了主观因素的影响，由于其根据历史数据存在的规律确定指标的权重，因此，确定的指标权重只能反映历史与当时的环境，有欠前瞻性。

考虑到生态预算是一个专业性很强的问题，对其了解要有一定的专业基础知识，尤其是在确定指标权重时，最好由行业专家确定比较合适。因此，本书在确定绩效评价指标时采用层次分析法。层次分析法是主观与客观相结合，可以减少采用单一方法确定权重存在的不足。

层次分析法是指将一个复杂的多目标决策问题作为一个系统，将目标分解为多个目标或准则，进而分解为多指标（或准则、约束）的若干层次，通过定性指标模糊量化方法算出层次单排序（权数）和总排序，以作为多指标、多方案优化决策的系统方法。美国运筹学家 A. L. Saaty（1971）提出层次分析法，并运用该方法帮助美国政府部门解决了电力分配、应急等重要问题，随后逐步在西方国家得到广泛应用与快速发展。层次分析法基本按照以下步骤进行：①构建层次结构模型。将评价目标具体化为策略，如何在此基础上用关键性具体指标描述，形成包括目标层、中间层、指标层在内的多层次结构模型。②设计两两判断矩阵，由专家赋值。根据结构模型设计各个层次的两两判断矩阵，由该领域的专家比较两个指标的重要程度赋值，一般采取 1~9 标度赋值，具体赋值表见表5-5。③计算权向量，并做一致性检验。通过计算对比矩阵的 CI、RI，在此基础上计算 CR，CR 的计算公式为：$CR = CI/RI$，当 CR 小于 0.1，认为矩阵一致程度可以接受；当 CR 大于 0.1，认为矩阵一致程度不可以接受，需要对赋值调整，直到当 CR 小于 0.1。④计算各指标的权重。根据各层次指标的权重计算具体指标的权重值。由于主体功能区生态预算流程绩效评价指标经过1次项目组成员论证、2次校内专家论证、3次校外专家论证，评价指标的论证是比较充分的，这些指标在整个指标体系中的重要性差异不大，因此采取 1~3 标度赋值，具体见表5-6。

表 5-5　1~9 标度赋值

赋值	重要性
$a_{ij} = 1$	第 i 元素与第 j 元素对上一层次同样重要
$a_{ij} = 3$	第 i 元素比第 j 元素稍微重要
$a_{ij} = 5$	第 i 元素比第 j 元素很重要
$a_{ij} = 7$	第 i 元素比第 j 元素非常重要
$a_{ij} = 9$	第 i 元素比第 j 元素极端重要
$a_{ij} = 1 \sim 9$ 中的偶数	第 i 元素比第 j 元素重要性介于相邻判断之间

表 5-6　1~3 标度赋值

赋值	重要性
$a_{ij} = 1$	第 i 元素与第 j 元素对上一层次同样重要
$a_{ij} = 2$	第 i 元素比第 j 元素一般重要
$a_{ij} = 3$	第 i 元素比第 j 元素重要

二、绩效评价指标权重的判断与检验

将专家划分为理论专家与实务专家，确定专家有两个基本要求：①理论专家必须是预算、会计、环境、生态方面的博士或教授，实务专家必须是具有高级会计师职称、县级政府职能部门的负责人、市级政府职能部门预算负责人。②对生态预算领域有一定的研究。为了保证专家对生态预算领域比较了解，首先通过中国知网数据库查阅相关专家在近期发表的专业论文，在此基础上确定哪些专家对生态预算有一定研究。采取实地问卷调查与邮件的方式将两两对比判断矩阵设计成问卷发给各位专家，由专家经过仔细思考，对两两指标的重要性进行比较之后，再给两两矩阵打分。理论专家主要来自湖南大学、中南财经政法大学、江西财经大学、东北财经大学、厦门大学、中央财经大学、广西大学、桂林理工大学、武汉大学、澳门科技大学等高校的教授与博士；实务专家主要来自广东（广州、深圳、珠海）与广西（南宁、桂林、梧州、钦州、百色）两省的高级会计师、注册会计师以及政府环保系统、财政系统的县局级以上的领导。指标权重确定的专家分布见表 5-7。

表 5-7　指标权重确定的专家分布

理论专家（37 人）				实务专家（37 人）		
博士	教授	生态、环境	会计、预算	高级会计师	注册会计师	县局级以上职务
17	20	5	32	3	7	27

资料来源：本表根据本书内容整理制作。

收回所有专家的调查问卷 74 份，在综合分析各位专家的打分结果的基础上，形成各层次两两指标对比矩阵赋值表，见表 5-8。计算表 5-8 中 B 层指标、C 层指标、D 层指标的 CR 值都小于 0.1，最后进行层次总排序的一致性检验，CI = 0.001，RI = 0.132，CR = 0.008，CR 也小于 0.1，说明在专家打分的基础上确定的指标组成的矩阵具有相对一致性。

表 5-8　各层次两两指标对比矩阵赋值

B1/B2	B1/B3	B1/B4	B2/B3	B2/B4	B3/B4	C1/C2
2	3	3	2	2	1	1
C3/C4	C5/C6	C7/C8	D1/D2	D3/D4	D3/D5	D4/D5
2	1/2	1	2	3	2	1/2
D6/D7	D8/D9	D10/D11	D12/D13			
1	1	2	2			

资料来源：本表根据本书内容整理制作。

三、计算各层级评价指标的权重

（一）一级评价指标的权重

一级评价指标的权重分布见表 5-9。从表 5-9 的权重分布可知：预算决策绩效占的比重为 45.5%，大多数专家认为预算决策绩效在整个绩效评价的地位特别重要，之后才是预算执行绩效，预算报告绩效与合作绩效在整个绩效中的地位相等。这与管理的一般规律认为决策是决定管理工作的关键是一致的。

表 5-9　一级评价指标权重分布

一级评价指标	指标权重
预算决策绩效	0.455
预算执行绩效	0.263
预算报告绩效	0.141
预算合作绩效	0.141

资料来源：本表根据本书内容整理制作。

（二）二级评价指标的权重

二级评价指标的权重分布见表5-10。从表5-10的权重分布可知：①比重排在前三的分别是顶层制度设计、生态预算系统设计以及预算执行组织与管理制度。其中顶层制度设计、生态预算系统设计两个评价指标占到22.8%和22.7%，其比重明显高于其他指标，是整个评价指标中最重要的指标，说明这两个方面在绩效评价中的地位都比较重要。排在第三位的是预算执行组织与管理制度，在生态预算执行中，明显比预算执行合规性与合理性占的权重高，说明预算执行组织与管理制度是预算执行的基础，只有基础工作做扎实了，预算执行才有保障。②排在后三位的分别是预算报告形式、预算系统内部合作程度与预算系统之间合作程度。说明生态预算绩效信息采取什么报告方式不是很重要，重要的是对外披露的生态预算信息质量要高，生态预算系统内部合作、生态预算系统之间的合作在整个生态预算中都不太重要，是生态预算系统决策、执行、报告一直比较注重合作，不同的生态预算系统之间重视合作，还是这些主体没有意识到决策、执行报告之间合作的重要性，这要谨慎区别，因为主体功能区建设需要不同主体功能区通力合作才能实现。

表5-10　二级评价指标权重分布

二级评价指标	指标权重
顶层制度设计	0.228
生态预算系统设计	0.227
预算执行组织与管理制度	0.176
预算执行合规性与合理性	0.087
预算信息质量	0.094
预算报告形式	0.047
预算系统内部合作程度	0.071
预算系统之间合作程度	0.070

资料来源：本表根据本书内容整理制作。

（三）三级评价指标的权重

三级评价指标的权重分布见表5-11。从表5-11的权重分布可知：①评价指标权重排在前三位的指标依次是生态预算法律法规健全性、生态预算目标、预算组织结构、预算执行相关管理制度（与预算组织结构并列第三）。这说明生态预算顶层制度设计中的生态预算法律法规至关重要。在设计生态预算系统时，首先要明确生态预算的目标，尤其是量化的目标，其次才是预算系统的层次与结构，设计预算执行组织与预算执行管理制度同等重要，预算执行合规性与执行合理性同等重要。②评价指标的权重排在后三位的分别是预算报告及时性、预算信息透明度和预算报告完整性。说明预算信息对外报告时，预算信息真实可靠最重要，但是对预算信息报告是否及时、预算信息是否透明、预算信息报告内容是否完整，专家们没有给予太多的关注，是现行生态预算信息报告做得很到位了，还是这三方面没有引起重视，特别是在生态预算流程构建的初期，是一个值得思考的问题。因为从理论角度来看，预算信息披露及时、透明、内容完整对生态预算信息质量影响很大。

表 5-11　三级评价指标权重分布

三级评价指标	指标权重
生态预算法律法规健全性	0.152
生态预算法规的协调程度	0.076
生态预算目标	0.123
预算系统设计前期调研和论证充分性	0.036
预算系统层次与结构完整	0.068
预算组织结构	0.088
预算执行相关管理制度	0.088
执行合规性	0.044
执行进度	0.043
预算报告完整性	0.031
预算报告及时性	0.016
预算信息真实性	0.063
预算信息透明度	0.031
决策、执行与报告合作程度	0.071
不同主体功能区预算系统合作程度	0.070

资料来源：本表根据本书内容整理制作。

第六章　主体功能区生态预算动态绩效评价指标体系

第一节　主体功能区生态预算动态绩效评价指标设计思路

一、主体功能区生态预算动态绩效评价指标的遴选原则

主体功能区生态预算动态绩效评价指标之所以称为动态绩效，是因为改变了以往只关注评价某一时点或一个切面的绩效状态。它具有三层含义：①评价一定时期的投入产出。反映主体功能区一定时期内的投入产出关系，与此同时能反映一定时期内经济子系统、社会子系统与生态子系统的投入产出关系。②评价多个子系统之间的动态协调发展度。反映主体功能区经济子系统、社会子系统与生态子系统之间的协调发展度。③对不同主体功能区采取差异化绩效评价指标。四类主体功能区采取不同的生态预算动态绩效评价指标。主体功能区生态预算动态绩效评价指标遴选立足主体功能区的主体功能，遵循三大具体遴选原则。

（一）差异化评价原则

由于评价的主体功能区有优先开发区、重点开发区、限制开发区与禁止开发区，四类主体功能区的主体功能不同，其生态预算动态绩效评价的重心存在一定的差异，需要设计侧重点不同的绩效评价指标，才能很好地评价四类主体功能区生态预算系统的产出与效果。因此，评价四类主体功能区生态预算动态绩效的评价指标存在一定的差异，对限制开发区中的农业主产区、重点生态功能区采取同一套绩效评价指标，其差异表现在指标权重上。

（二）相对数指标优先原则

相对数指标一般考虑了多因素的关联，经济发展、社会治理都需要消耗自

然资源，对生态环境产生影响。在设计评价经济发展、社会治理投入类指标时，以反映经济发展、社会治理总括性指标为分母，以反映自然资源环境的指标为分子；在设计产出类指标尽可能采用比率指标、单位化指标和变化率指标。这样，单一指标就可以反映主体功能区的某一方面的投入产出关系，同时还能增强不同性质指标的可比性。

（三）评价指标数据容易获取原则

当有多个指标可以同时反映某一方面绩效时，尽量采取数据获取相对比较容易的指标，可以避免因为某一个或某一类指标数据不容易获取，从而影响整个指标体系的运用，在一定程度上可以提高评价指标体系的可操作性。

（四）重要性原则

主体功能区生态预算绩效涉及的面比较广。对每一方面都进行评价，涉及的面比较广，需要的指标也比较多，如果评价指标太多，主体功能区生态预算动态绩效评价指标很难突显其主体功能，评价指标数据获取难度比较大、评价工作量也比较大。因此，在选取评价指标时，尽可能结合其主体功能区设计评价指标。

二、主体功能区生态预算动态绩效评价指标遴选机制

主体功能区生态预算流程绩效评价指标是针对生态预算流程设计的，与生态预算流程所对应的生态预算投入产出与效果也需要系统的评价指标，这称之为主体功能区生态预算动态绩效评价指标。主体功能区生态预算动态绩效主要包括各主体功能区生态预算投入产出效率与区域协调发展度，投入产出可以细分为经济发展、社会治理、生态管理3个方面的投入、产出与效果。主体功能区生态预算动态绩效评价指标通过两次遴选完成：第一次是主体功能区生态预算动态绩效评价指标遴选，主要遴选出四类主体功能区会采用的预算绩效评价指标，形成动态绩效评价指标库；第二次是四类具体的主体功能区生态预算动态绩效评价指标遴选，即在主体功能区生态预算动态绩效评价指标库中选择指标评价具体的主体功能区。主体功能区生态预算动态绩效评价指标遴选机制见图6-1。

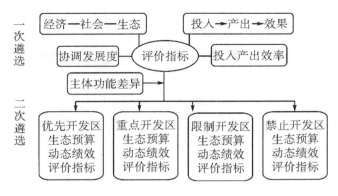

图 6-1　主体功能区生态预算动态绩效评价指标遴选机制

（一）评价指标一次遴选

一次遴选主要围绕主体功能区生态预算系统的经济发展绩效、社会治理绩效、生态管理绩效以及其投入产出效率与经济、社会、生态协调发展度进行。在确定反映投入产出指标时，关键是确定投入与产出指标，以自然资源、环境为投入，由于自然资源与环境包含的范围比较大，选择水资源、土地资源与非化石能源三种代表自然资源，选择废水、废气、碳排放、固废、空气质量代表环境，产出包括经济产出、社会产出与生态产出。具体来说，具体经济发展绩效分为经济发展的自然资源环境投入绩效、经济产出绩效；社会治理绩效分为社会治理中的自然资源环境投入绩效、社会产出绩效；生态管理绩效分为生态管理中的生态投入绩效、生态环境产出绩效。经济、社会与生态发展的协调关系，一方面融合在投入产出中；另一方面是单独计算经济—社会—生态协调发展度指标。

（二）评价指标二次遴选

二次遴选以主体功能区生态预算动态绩效评价指标库为基础，结合四大主体功能区自己的主体功能定位，从中遴选出适应本主体功能区的经济发展绩效、社会治理绩效与生态管理绩效的绩效评价指标。

三、主体功能区生态预算动态绩效评价指标权重确定的方法

主体功能区生态预算动态绩效评价指标的权重也采用层次分析法，其确定的基本思路与确定静态绩效评价指标权重的思路基本相似，先在绩效评价模型的基础上，设计两两矩阵，由专家赋值，在此基础上进行一致性检验，计算各指标的权重。与确定静态绩效评价指标权重存在的差异主要是：①两两矩阵赋值专家不局限于预算专家。因为主体功能区生态预算的投入产出效率、产出效果涉及经济发展、社会治理与生态管理等多个领域，论证专家除了是预算专家，还需要是公共管理、财政、环境、生态等方面的专家，专家来源分布与确定预算流程绩效指标的专家相同（在这不再重复）。②采用修正后的层次分析法。一般层次分析法采取 9 级量化赋值，在这采取 3 级量化赋值，因为在设计指标过程中，经过多次专家论证，将一些非关键指标删除，所以留下的是一些关键性指标，这些指标都很重要，只是存在重要程度差异而已，因此采取 3 级量化赋值，即两两矩阵 1~3 标度赋值，具体见表 6-1。

表 6-1　两两矩阵 1~3 标度赋值

赋值	重要性
$a_{ij} = 1$	第 i 元素与第 j 元素对上一层次同样重要
$a_{ij} = 2$	第 i 元素比第 j 元素一般重要
$a_{ij} = 3$	第 i 元素比第 j 元素重要

第二节　优先开发区生态预算动态绩效评价指标

一、优先开发区生态预算动态绩效评价指标介绍

在生态经济学的框架下，人类追求的是从生态系统进入经济系统，再以废弃物形式反馈回生态系统的原材料流和能源流不增加的情况下，提升各类物品和服务的质量，这是对加快转变经济发展方式的深度理解[122]。根据各类主体功能区的主体功能定位，优先开发区是优化进行工业化、城市化开发的地区，实现发展方式转变，强化对经济结构、能源消耗、环境保护与自主创新以及外来人口公共服务覆盖[80]。这是《全国主体功能区规划》确定优先开发区的目标，也成为评价优先开发区生态预算动态绩效的基本指标框架。有学者认为优先开发区在产业准入、能源消耗、污染减排等方面有更高的要求[76]，包括对优先开发区的经济增长及其质量、资源利用和生态环境保护、自主创新能力、区域协调发展方面进行评价等[123]。从现有优先开发区绩效评价的研究成果可知，对优先开发区生态预算动态绩效评价不能只局限于经济发展方式，同时要考虑生态文明社会构建、生态系统自身的质量。因此，在充分借鉴现有研究成果的基础上，设计优先开发区生态预算动态绩效评价指标，可以从经济发展、社会治理与生态管理 3 个维度设计绩效评价指标。优先开发区生态预算动态绩

效评价指标见表 6-2[124-125]。

表 6-2　优先开发区生态预算动态绩效评价指标

一级	二级	三级	三级指标说明	性质
经济发展绩效（B1）	自然资源环境消耗（C1）	万元 GDP 用水量/立方米（D1）	经济发展消耗水	负
		万元 GDP 建设用地面积/公顷（D2）	经济发展消耗土地	负
		万元 GDP 能耗/标准煤（D3）	经济发展能耗	负
	经济发展水平（C2）	GDP 年增长率/%（D4）	经济增长速度	正
		第三产业占 GDP 比重/%（D5）	产业结构优化	正
		每万人发明专利拥有量/件（D6）	区域科技创新	正
社会治理绩效（B2）	自然资源环境消费（C3）	城镇居民人均生活用水量/立方米/人（D7）	居民生活用水	负
		人口密度/人/平方米（D8）	居民生活占地	负
		城镇居民人均生活煤炭消费量/吨/万人（D9）	生活能耗	负
	民生福祉（C4）	城镇居民人均可支配收入/元（D10）	城镇居民收入	正
		千人卫生专业技术人员/人（D11）	城镇医疗卫生	正
		城镇新增就业人数/常住人口数/%（D12）	城镇社会保障	正
		城镇居民恩格尔系数（D13）	居民富裕程度	负
生态管理绩效（B3）	生态环境治理（C5）	亿元 GDP 化学需氧排放量/吨（D14）	主要污染物减排	负
		亿元 GDP 二氧化硫排放量/吨（D15）	废气减排	负
		工业固废综合利用率/%（D16）	工业固废治理	负
		生活垃圾无害化处理率/%（D17）	生活垃圾治理	负
	生态环境质量（C6）	城市环境空气质量优良率/%（D18）	空气质量	正
		森林覆盖率/%（D19）	水环境质量	正
		建成区绿化覆盖率/%（D20）	生活环境	正

资料来源：①宋建波，武春友. 城市化与生态环境协调发展评价研究：以长江三角洲城市群为例［J］. 中国软科学，2010（2）：78-87.

②刘满凤，宋颖，等. 基于协调性约束的经济系统与环境系统综合效率评价［J］. 管理评论，2015（6）：89-99.

立足于优先开发区的主体功能，经济发展绩效主要是从经济发展中的自然资源与环境的消耗、实现优先开发区优化经济结构和区域创新的主体功能等方面评价；社会治理绩效主要是从社会治理中的自然资源的消费、服务于城市人口适度集聚与提升居民福祉等方面评价，居民福祉主要评价居民收入、基本公共服务与居民主观幸福感等方面；生态管理绩效主要是从环境的污染物减排与环境质量两个维度评价，环境质量主要评价城市的水环境、空气环境与城市绿化面积。

二、确定优先开发区生态预算动态绩效评价指标的权重

(一) 两两矩阵赋值与一致性检验

综合考虑专家给两两矩阵赋值，优先开发区生态预算动态绩效评价指标两两矩阵赋值见表6-3。对B层指标、C层指标、D层指标的一致性检验，CR值都小于0.1，说明各层次一致性检验通过。进行层次总排序的一致性检验，CI = 0.002，RI = 0.678，CR = 0.003，CR小于0.1，说明在专家打分的基础上确定的指标组成的矩阵具有相对一致性。

表6-3　优先开发区生态预算动态绩效评价指标两两矩阵赋值

$B1/B2$	$B1/B3$	$B2/B3$	$C1/C2$	$C3/C4$	$C5/C6$	$D1/D2$
2	3	2	1/2	1/2	2	1
$D1/D3$	$D2/D3$	$D4/D5$	$D4/D6$	$D5/D6$	$D7/D8$	$D7/D9$
2	2	3	2	1/2	1	2
$D8/D9$	$D10/D11$	$D10/12$	$D10/D13$	$D11/D12$	$D11/D13$	$D12/D13$
2	2	2	1	1	1/2	1/2
$D14/D15$	$D14/D16$	$D14/D17$	$D15/D16$	$D15/D17$	$D16/D17$	$D18/D19$
1	2	3	2	3	2	1
$D18/D20$	$D19/D20$					
2	2					

资料来源：本表根据本书内容整理制作。

(二) 各层次评价指标权重

采用层次分析法计算出优先开发区生态预算动态绩效各层次评价指标的权重，如表6-4所示。从表6-4可知：①一级评价指标权重分析。对经济发展绩效、社会治理绩效与生态绩效在整个绩效评价中的地位，专家们认为优先开发区要重视经济发展绩效的评价，所以经济发展绩效方面的权重比较大，这与优先开发区的主体功能为发展经济是一致的。②二级评价指标分析。首先是经济产出所占比重较大，其次是社会产出。在优先开发区经济投入、社会投入总量比较大，在现有投入总量实现经济产出、社会产出最大化，使得优先开发区不得不重视内涵发展、转变经济发展方式以及创新发展，以此来实现经济产出、社会产出最大化。由于长期的生态环境污染问题一直积累没有解决，集中到现在解决需求大量的资金投入，在生态产出不确定的条件下，生态投资者对

生态领域的投资也非常谨慎，因此生态方面的投入存在严重不足，与生态产出相比较，在生态管理领域应更加重视生态投入。③三级评价指标的权重分析。从三级指标的权重可以看出，权重超过10%的指标是GDP年增长率和每万人发明专利拥有量，两者都属于经济产出类，尤其重视反映创新能力的每万人发明专利拥有量，进一步说明优先开发区不仅要重视经济发展，更加要重视经济发展质量与创新发展。权重最小的是生活垃圾无害化处理、建成区绿化覆盖率，前一个指标属于生态投入，后一个指标属于生态产出。经济发展中自然资源环境消耗中的水、土地等自然资源占的权重比较大，这是发展经济的重要载体；经济产出中的经济增长速度与科技创新占的权重比较大，说明经济发展越来越重视发展质量尤其是高质量经济发展结果；社会治理中居民消费的水、土地等自然资源占的权重比较大；民生福祉中居民可支配收入与居民的恩格尔系数占的权重比较大，说明在优先开发区居民收入与财富还是影响居民福祉的重要因素；生态环境治理中主要污染物、废气减排占的权重比较大，说明生态治理更应该从减排这一源头开始治理，才能做到标本兼治，而不是等环境污染发生之后，事后再采取措施补救；生态环境质量中的城市空气质量优良率、森林覆盖率占的权重比较大，说明森林覆盖率对城市生态环境质量影响最大。

表6-4　优先开发区生态预算动态绩效各层次评价指标权重

一级	对 A 层次权重	二级	对 A 层次权重	三级	对 A 层次权重
B1	0.540	C1	0.180	D1	0.072
				D2	0.072
				D3	0.036
		C2	0.360	D4	0.194
				D5	0.059
				D6	0.107
B2	0.297	C3	0.10	D7	0.040
				D8	0.040
				D9	0.020
		C4	0.197	D10	0.066
				D11	0.033
				D12	0.032
				D13	0.066

表6-4(续)

一级	对 A 层次权重	二级	对 A 层次权重	三级	对 A 层次权重
B3	0.163	C5	0.108	D14	0.038
				D15	0.038
				D16	0.021
				D17	0.011
		C6	0.055	D18	0.022
				D19	0.022
				D20	0.011

资料来源：本表根据本书内容整理制作。

第三节 重点开发区生态预算动态绩效评价指标

一、重点开发区生态预算动态绩效评价指标介绍

重点开发区是重点进行工业化、城市化开发的城市化地区，重点开发区生态预算动态绩效评价指标围绕重点开发区建设目标设计，突出经济增长、质量效益、工业化与城镇化水平，同时兼顾资源利用、生态保护与区域协调等[126]。由于重点开发区存在城乡区域发展严重不协调、发展后劲不足等问题，所以评价重心可以选择强化工业化与城镇化[76]。在此基础上，学者认为工业化、城镇化水平可以具体化为第二产业和第三产业发展、社会发展、公共服务、城镇化进程、资源与生态环境保护等[73]。可见，对重点开发区生态预算动态绩效评价的重心，学者们基本达成了共识：区域工业化与城镇化水平及质量优先。重点开发区生态预算动态绩效评价指标设计的基本思路与优先开发区相同，只是重点开发区的主体功能是加快人口集聚，提高城市化程度。因此，其经济发展绩效中的经济产出主要是评价城市化水平和工业化水平。重点开发区在加快城市化水平过程中，城市人口急剧增加，居民就业也就成为社会治理最为突出的问题。因此，在评价社会治理绩效中的民生福祉时，城镇居民就业也就成为绩效评价内容。重点开发区生态预算动态绩效评价指标，见表6-5[73,124-126]。

表 6-5　重点开发区生态预算动态绩效评价指标

一级	二级	三级	三级指标说明	性质
经济发展绩效（B1）	自然资源环境消耗（C1）	万元 GDP 用水量/立方米（D1）	经济发展消耗水	负
		亿元 GDP 建设用地面积/公顷（D2）	经济发展消耗土地	负
		万元 GDP 能耗/吨标准煤（D3）	经济发展能耗	负
	经济发展水平（C2）	人均 GDP/元（D4）	经济发展	正
		常住人口城镇化率/%（D5）①	城镇化水平	正
		工业化率（D6）②	工业化水平	正
社会治理绩效（B2）	自然资源环境消费（C3）	城镇居民人均生活用水量/立方米/人（D7）	居民生活用水	负
		人口密度/人/平方千米（D8）	居民生活占地	负
		城镇居民人均生活煤炭消费量/吨/万人（D9）	生活能耗	负
	民生福祉（C4）	城镇居民人均可支配收入/元（D10）	城镇居民收入	正
		千人卫生专业技术人员/人（D11）	城镇医疗卫生	正
		城镇新增就业人数/万人（D12）	城镇社会保障	正
		城镇居民恩格尔系数（D13）	居民富裕程度	负
生态管理绩效（B3）	生态环境治理（C5）	亿元 GDP 化学需氧排放量/吨（D14）	主要污染物减排	负
		亿元 GDP 二氧化硫排放量/吨（D15）	废气减排	负
		工业固废综合利用率/%（D16）	工业固废治理	正
		生活垃圾无害化处理率/%（D17）	生活垃圾治理	正
	生态环境质量（C6）	城市环境空气质量优良率/%（D18）	空气质量	正
		森林覆盖率/%（D19）	水环境质量	正
		建成区绿化覆盖率/%（D20）	生活环境	正

资料来源：刘满凤，宋颖，等. 基于协调性约束的经济系统与环境系统综合效率评价［J］. 管理评论，2015（6）：89-99.

二、确定重点开发区生态预算动态绩效评价指标的权重

（一）重点开发区各层次两两矩阵赋值与一致性检验

综合考虑专家给重点开发区各层次两两矩阵赋值，各层次两两指标间对比如表 6-6 所示。对 B 层指标、C 层指标、D 层指标的一致性检验，CR 值都小于 0.1，说明各层次一致性检验通过。进行层次总排序的一致性检验，CI＝0.023，RI＝0.687，CR＝0.033，CR 小于 0.1，说明在专家打分的基础上确定的指标组成的矩阵具有相对一致性。

---

① 城镇化率=常住人口/总人口。

② 工业化率=工业增加值/GDP。

表 6-6 重点开发区各层次两两指标间对比

B1/B2	B1/B3	B2/B3	C1/C2	C3/C4	C5/C6	D1/D2
2	2	1	1/2	1/2	1	1
D1/D3	D2/D3	D4/D5	D4/D6	D5/D6	D7/D8	D7/D9
2	2	2	1	1	1	2
D8/D9	D10/D11	D10/12	D10/D13	D11/D12	D11/D13	D12/D13
2	1/2	1/2	1	1	1/2	1/2
D14/D15	D14/D16	D14/D17	D15/D16	D15/D17	D16/D17	D18/D19
1	2	2	2	2	1	1
D18/D20	D19/D20					
2	2					

资料来源：本表根据本书内容整理制作。

（二）重点开发区各层次评价指标权重

采用层次分析法计算出重点开发区各层次评价指标的权重，如表6-7所示。从表6-7可知：①一级评价指标的权重分析。评价专家们认为经济发展绩效在重点开发区比较重要，社会治理与生态管理同等重要，这与重点开发区的主体功能是发展经济还是一致的。与优先开发区相比较，经济发展绩效的权重有下降，生态管理绩效的权重有上升，说明重点开发区的城镇化、工业化可能给生态环境带来一定压力，从而导致生态环境成为重点开发区重点关注的问题。②二级评价指标的权重分析。二级指标的权重排名第一的是经济产出绩效，经济发展中自然资源的消耗、居民福祉与生态治理投入占的比重相同，说明重点开发区的经济产出绩效是应该重点关注的问题。③三级评价指标的权重分析。从三级指标的权重我们可以看出，权重排在前三名的指标是人均GDP、工业增加值占GDP的比重和常住人口城镇化率，都属于经济产出类，进一步佐证重点开发区在发展经济总量的同时，要注重城镇化、工业化的质量。权重比较低的是建成区绿化覆盖率和居民生活能耗。在经济发展中消耗的水与土地等资源占的比重比较大，在经济产出绩效中经济发展总量与工业化程度占的权重比较大；社会治理消耗资源中消耗的水、土地等自然资源占的权重比较大，居民福祉中居民恩格尔系数与基本公共服务占的权重比较大；生态环境治理中减排占的权重比较大；生态环境质量中城市空气质量与森林覆盖率占的权重比较大。与优先开发区的指标权重相比较，其指标权重分布都比较相似，只是生态环境管理占的权重有所提高。

表 6-7　重点开发区各层次评价指标权重

一级	对 A 层次权重	二级	对 A 层次权重	三级	对 A 层次权重
$B1$	0.50	$C1$	0.167	$D1$	0.067
				$D2$	0.067
				$D3$	0.033
		$C2$	0.333	$D4$	0.138
				$D5$	0.087
				$D6$	0.108
$B2$	0.25	$C3$	0.083	$D7$	0.033
				$D8$	0.033
				$D9$	0.017
		$C4$	0.167	$D10$	0.030
				$D11$	0.040
				$D12$	0.040
				$D13$	0.057
$B3$	0.25	$C5$	0.167	$D14$	0.056
				$D15$	0.056
				$D16$	0.028
				$D17$	0.027
		$C6$	0.083	$D18$	0.033
				$D19$	0.033
				$D20$	0.017

资料来源：本表根据本书内容整理制作。

第四节　限制开发区生态预算动态绩效评价指标

一、限制开发区生态预算动态绩效评价指标介绍

（一）农业主产区生态预算动态绩效评价重心分析

在资源环境条件约束下，发展农业被赋予更多目标：促进经济转型、城乡一体化建设、国家粮食安全与农产品质量、资源节约、环境友好、农民增收、提高农业效率等[127]。这些目标相互影响，为了实现这些目标，只有加快转变农业发展方式，通过技术进步、提高农业从业人员的素质和保护生态环境等来提高各种生产要素的使用效率[128]，使农业全面采取"低投入、低能耗、低污染、高产出"的农业发展模式，这为评价农产品主产区发展绩效评价指明了

基本方向。针对农业主产区发展绩效的评价，梳理现有理论研究成果与实践经验，主要有4种不同的视角：①以某一关键自然资源为载体评价其利用效率。主要集中在土地资源的利用，评价农业主产区土地资源可持续利用，从资源环境的可持续、经济可持续、社会可持续3个维度开展评价[129]。②低碳农业发展水平与效率评价。主要评价农业发展过程中碳的消耗与排放，在评价中选择社会发展、经济发展、农业减排级环境安全作为准则层[130]。研究表明，各地区农业环境效率较低主要是受生产特征、技术条件和社会结构等因素综合影响[131]。③绿色农业发展水平评价。针对绿色农业发展系统，从生态效益水平、经济效益水平、社会效益水平3个准则层评价。其中，生态效益水平评价指标包括环境质量、资源利用；经济效益水平评价指标包括生产能力、盈利能力、竞争力；社会效益水平评价指标包括绿色用地、绿色农业服务、绿色农产品市场化[132]。④两型农业发展水平的评价。主要是从生态农业综合效益、循环农业发展水平、农业可持续发展水平3个维度评价。其中，生态农业综合效益评价指标包括经济效益、社会效率、生态效益；循环农业发展水平评价指标包括减量化、再利用、再循环；农业可持续发展水平评价指标包括生产可持续、经济可持续、社会可持续与资源可持续[133]。应注重农业发展方式的转变来提升农业发展水平，实现农业经济效益与资源环境效益的协调发展[134]。

这4种评价思路都将经济、社会、生态视为一个复合生态系统来考虑，只是评价的侧重点不同。前2种思路以单一自然资源或污染源为载体，研究自然资源环境的使用效率，评价工作量不大、评价效率较高，但是没有考虑到各种自然资源在利用过程中差异很大，容易出现评价结果不能完全代表整个区域的整体绩效。后2种思路没有本质的区别，只是从2个不同的视角展开评价，评价比较全面，但是工作量比较大，尤其是一些指标数据获得难度比较大，可操作性不强。农业主产区生态预算动态绩效评价在现有研究成果的基础上，同时考虑主体功能区建设目标，农业主产区是保障农产品能持续供给，其经济发展就是农业发展，评价农业主产区的经济发展绩效就是评价农业发展中自然资源的消耗，实现农业可持续发展、保障农产品供给，其环境消耗与优先开发区、重点开发区有所不同，主要是农业发展过程中废水、化肥、农药与农用薄膜残留物等。农业主产区的农民较多，农民的收入与农村的医疗卫生水平是社会治理诸多问题中的突出问题。生态管理绩效评价维度中，环境污染物减排主要是指农业发展中产生的各类污染物，在评价环境质量的同时，还要评价土地资源、森林、草地资源质量。

（二）重点生态功能区生态预算动态绩效评价重心分析

重点生态功能区的功能定位是：保障国家生态安全的重要领域，是人与自然和谐相处的示范区，划分为水源涵养型、水土保持型、防风固沙型和生物多样化维护4种类型，以保护与修复生态环境、供给生态产品为首要任务[80]。对重点生态功能区生态预算动态绩效进行评价时，不能忽视其社会功能与经济功能，由于重点生态功能区具有很大的生活空间，同时也拥有大量的耕地，且居民生活与耕地使用并不会对生态产品的供给产生重大影响，与此同时三者会形成一个良性循环。设计评价重点生态功能区绩效指标存在两种观点：①与农产品主产区采取相同的绩效评价指标。认为重点生态功能区与农产品主产区评价内容比较相似，采取相同的绩效评价指标，可以减少主体功能区绩效评价指标数量，如从资源环境、科技创新、社会发展、民生改善等方面构建重点生态功能区发展绩效评价指标体系[75]。也有学者从经济发展、社会管理、人民生活与资源环境4个维度设计绩效评价指标[76]。②与农业主产区采取有差异的绩效评价指标。农业主产区是保障农产品供给，重点生态功能区是保障生态产品供给，所以应该采取与农业主产区有差异的绩效评价指标，如从经济发展、资源环境、社会发展、人民生活与社会稳定5个角度设计评价指标等[73]。《全国主体功能区规划》将农业主产区、重点生态功能区都划分为限制开发区这一大类，说明农业主产区、重点生态功能区相似度很高，将其视为一类来设计绩效评价指标，采取同一套绩效评价指标比较合适，既没有将农产品主产区与重点生态功能区的同质性进行割裂，也可以保证生态预算动态绩效评价指标体系与《全国主体功能区规划》一脉相承。

限制开发区实质是一种特殊的人地关系地域生态系统，在尊重、顺应、保护自然的理念下，统筹生产、生活、生态空间，使之协调发展，实现帕累托最优。在充分借鉴现有的研究成果的基础上，本着国家顶层制度不矛盾的基本取向，将农业主产区与重点生态功能区视为同一类主体功能区，从经济发展、社会治理与生态管理3个维度设计绩效评价指标，但是农业主产区与重点生态功能区还是存在一些差异，其差异可以体现在指标权重上。限制开发区生态预算动态绩效评价指标，见表6-8[135-142]。

表 6-8 限制开发区生态预算动态绩效评价指标

一级	二级	三级	三级指标说明	性质
经济发展绩效（B1）	自然资源消耗（C1）	单位农业总产值耗水量/立方米/元（D1）	农业消耗水资源	负
		万元农业总产值占用农作物播种面积/公顷/万元（D2）	农业土地利用	负
		万元农业产值消耗机械总动力/千瓦时/万元（D3）	农业能源消耗	负
		万元农业总产值农业从业人员/人/万元（D4）	农业人员消耗	负
		万元农业总产值化肥施用量/吨/万元（D5）	相关资源消耗	负
	农业发展水平（C2）	农业总产值增长率/%（D6）	农业可持续发展	正
		人均粮食产量/吨/人（D7）	农业产品供给能力	正
社会治理绩效（B2）	自然资源消费（C3）	农村居民人均生活用水量/立方米/人（D8）	居民生活用水	负
		农村居民人均住房面积/平方米/人（D9）	居民生活占地	负
		农村居民年人均用电/千瓦时/人（D10）	生活能耗	负
	民生福祉水平（C4）	农村居民人均可支配收入/元（D11）	农村居民收入	正
		劳动年龄人口平均受教育年限/年（D12）	农村居民教育水平	正
		千人卫生专业技术人员数/人/千（D13）	居民基本公共服务	正
		农村居民恩格尔系数/%（D14）	居民富裕程度	负
生态管理绩效（B3）	生态环境治理（C5）	亿元农业产值化学需氧排放量/吨（D15）	废水减排	负
		亿元农业产值二氧化硫排放量/吨（D16）	废气减排	负
		固体废物排放量减少/%（D17）	固体废物减排	负
		环境污染治理投资总额占 GDP 比重/%（D18）	生态环境治理资金投入	负
	生态环境质量（C6）	人均耕地面积/公顷/人（D19）	耕地资源质量	正
		森林覆盖率/%（D20）	森林覆盖质量	正

资料来源：①刘燕妮，伍保平，高鹏. 中国农业发展方式的评价 [J]. 经济理论与经济管理，2012（3）：100-107.

②彭艺，贺正楚. 资源节约型、环境友好型农业发展状况的混合聚类评价 [J]. 经济与管理，2010（7）：19-22.

③严昌荣，梅旭荣，何文清，等. 农用地膜残留污染的现状与防治 [J]. 农业工程学报，2006（11）269-272.

④《国家生态文明建设示范村镇指标（试行）》和《"十三五"生态环境保护规划》。

二、确定限制开发区生态预算动态绩效评价指标的权重

（一）农业主产区动态绩效评价指标权重

1. 农业主产区两两矩阵赋值与一致性检验

综合考虑专家给农业主产区各层次两两矩阵赋值，各层次两两指标间对比如表6-9所示。对 B 层指标、C 层指标、D 层指标的一致性检验，CR 值都小于0.1，说明各层次一致性检验通过。最后进行层次总排序的一致性检验，CI = 0.015，RI = 0.787，CR = 0.019，CR 也小于0.1，说明在专家打分基础上确定的指标组成的矩阵具有相对一致性。

表 6-9　农业主产区各层次两两指标间对比

B1/B2	B1/B3	B2/B3	C1/C2	C3/C4	C5/C6	D1/D2
2	2	1	3	1/2	3	1
D1/D3	D1/D4	D1/D5	D2/D3	D2/D4	D2/D5	D3/D4
2	3	2	2	3	2	2
D3/D5	D4/D5	D6/D7	D8/D9	D8/D10	D9/D10	D11/D12
1	1/2	2	1	2	2	1/2
D11/D13	D11/D14	D12/D13	D12/D14	D13/D14	D15/D16	D15/D17
1/2	1/3	1	1/2	1/2	1/2	1
D15/D18	D16/D17	D16/D18	D17/D18	D19/D20		
1/3	1/2	1/2	1/3	2		

资料来源：本表根据本书内容整理制作。

2. 农业主产区各层次动态绩效评价指标的权重

农业主产区各层次动态绩效评价指标的权重整理见表6-10。从表6-10可知：①一级评价指标权重分析。一级指标权重分布中，农业发展绩效占的比重为50%，社会治理绩效、生态管理绩效各占25%，这样的权重分布基本能凸显农业主产区的主体功能。②二级评价指标权重分析。二级评价指标中，农业发展自然资源环境的投入占的权重最大，第二位是生态管理投入，排在第三位的是社会治理产出绩效，在农业发展、生态管理过程中可能对自然资源环境的利用效率并不高。二级评价指标权重最低的是生态产出，说明农业主产区的生态环境质量是比较高的。③三级评价指标权重分析。权重最大的是单位农业产值耗水量、单位农业产值占地面积，权重最小的是农村居民人均用电量、森林

覆盖率两个指标，进一步说明农业发展中自然资源的利用效率比较低，农村居民生活能源消耗比较少，对生态环境影响不大，森林覆盖率比较高。农业发展投入中，水资源和土地资源的消耗所占权重比较大；农业发展产出中，农业可持续发展能力占的权重比较大；社会治理消耗资源中，居民生活消耗水资源和土地资源所占权重比较大；居民福祉中，居民恩格尔系数与基本公共服务占的权重比较大；生态环境治理中，环境治理投入力度占的权重比较大；生态环境质量中，耕地资源质量占的权重比较大。

表6-10　农业主产区各层次动态绩效评价指标权重

一级	对 A 层次权重	二级	对 A 层次权重	三级	对 A 层次权重
B1	0.5	C1	0.375	D1	0.112
				D2	0.112
				D3	0.059
				D4	0.033
				D5	0.059
		C2	0.125	D6	0.083
				D7	0.042
B2	0.25	C3	0.083	D8	0.033
				D9	0.033
				D10	0.017
		C4	0.167	D11	0.020
				D12	0.038
				D13	0.038
				D14	0.071
B3	0.25	C5	0.188	D15	0.028
				D16	0.035
				D17	0.038
				D18	0.087
		C6	0.062	D19	0.042
				D20	0.020

资料来源：本表根据本书内容整理制作。

（二）重点生态功能区动态绩效评价指标权重

1. 重点生态功能区两两矩阵赋值与一致性检验

综合考虑专家给重点生态功能区各层次两两矩阵赋值，各层次两两指标间对比如表6-11所示。首先对 B 层指标、C 层指标、D 层指标的一致性检验，CR 值都小于 0.1，说明各层次一致性检验通过。最后进行层次总排序的一致性检验，CI＝0.001，RI＝0.765，CR＝0.001，CR 也小于 0.1，说明在专家打分基础上确定的指标组成的矩阵具有相对一致性。

表 6-11　重点生态功能区各层次两两指标间对比

B1/B2	B1/B3	B2/B3	C1/C2	C3/C4	C5/C6	D1/D2
2	1	0.5	3	0.5	3	0.5
D1/D3	D1/D4	D1/D5	D2/D3	D2/D4	D2/D5	D3/D4
1	1	0.5	2	2	1	1
D3/D5	D4/D5	D6/D7	D8/D9	D8/D10	D9/D10	D11/D12
0.5	0.5	2	1	2	2	0.5
D11/D13	D11/D14	D12/D13	D12/D14	D13/D14	D15/D16	D15/D17
0.5	1/3	1	0.5	0.5	1	2
D15/D18	D16/D17	D16/D18	D17/D18	D19/D20		
0.5	2	0.5	1/3	0.5		

资料来源：本表根据本书内容整理制作。

2. 重点生态功能区各层次动态绩效评价指标的权重

重点生态功能区各层次动态绩效评价指标的权重分布见表 6-12。从表 6-12可知：①一级评价指标权重分析。生态评价绩效、农业发展绩效各占40%，与农业主产区相比较，生态绩效占的比重明显提高，能凸显重点生态功能区的主体功能。②二级评价指标权重分析。二级评价指标中权重排在前两位的分别是生态管理投入、农业发展自然资源环境消耗，说明生态管理投入明显偏少、农业发展的自然资源环境利用效率不高，权重比较小的是农业产出、生态环境质量。③三级评价指标权重分析。三级评价指标中权重排在前三位的指标分别是环境污染投资占 GDP 的比重、万元农业产值化肥施用量、单位农业产值占地面积，说明生态管理投入严重不足，农业发展土地利用效率不高，农业发展中化肥施用量偏高。农业发展消耗的资源中，农业发展消耗的化肥、农业发展占用的土地所占权重比较大；农业发展水平中，农业可持续发展的能力占的权重比较大；社会治理中，居民生活消耗的水资源、生活占用的土地占的权重比较大；居民福祉中，居民恩格尔系数、居民基本公共服务占的权重比较大；生态环境治理中，资金投入力度与减排占的权重比较大；生态环境质量中，森林覆盖率占的权重比较大。

表 6-12　重点生态功能区各层次动态绩效评价指标权重分布

一级	对 A 层次权重	二级	对 A 层次权重	三级	对 A 层次权重
B1	0.4	C1	0.298	D1	0.043
				D2	0.083
				D3	0.043
				D4	0.043
				D5	0.086
		C2	0.102	D6	0.068
				D7	0.034
B2	0.2	C3	0.067	D8	0.027
				D9	0.027
				D10	0.013
		C4	0.133	D11	0.016
				D12	0.030
				D13	0.030
				D14	0.057
B3	0.4	C5	0.30	D15	0.068
				D16	0.068
				D17	0.037
				D18	0.127
		C6	0.10	D19	0.033
				D20	0.067

资料来源：本表根据本书内容整理制作。

第五节　禁止开发区生态预算动态绩效评价指标

一、禁止开发区生态预算动态绩效评价指标介绍

禁止开发区是我国保护自然文化资源的重要区域，珍稀动植物基因资源保护地[80]，《全国主体功能区规划》对禁止开发区的功能定位是对自然文化资源的原真性和完整性保护。有学者从经济发展、社会管理、人民生活与资源环境4 个方面评价，经济评价只评价第三产业的结构，重点评价资源环境[76]。也有学者从生态保护、经营性建设与投资两个方面设计指标评价[123]，由于禁止开发区包括国家级自然保护区、世界文化自然遗产、国家级风景名胜区、国家森林公园、国家地质公园等很多类型，很难构建一套认同度较高、适用所有不同

类型禁止开发区的绩效评价指标体系，一般针对某一具体禁止开发区设计绩效评价指标的研究比较多。如从生态系统结构的稳定性、生态胁迫两个方面设计指标评价自然保护区生物多样性与生态环境质量[143]，以压力—状态—响应模型为框架建立一套湿地生态系统健康评价指标体系[144]，从自然保护区的经济效益、生态效益、社会效益各角度梳理出一套适合森林类型的自然保护区综合效益的评价指标体系与评价方法[145]。但是这些不同类型的禁止开发区还是存在共性的内容，因此，禁止开发区生态预算动态绩效评价指标可以考虑由共性指标与个性指标两部分组成，在这只设计共性绩效评价指标，个性评价指标在评价某一禁止开发区时，评价主体结合这一禁止开发区的具体情况设计。禁止开发区生态预算动态绩效只评价社会治理绩效、生态管理绩效，不将经济发展纳入评价范畴，其中生态管理是重点评价内容。由于禁止开发区的类型比较多且个性化特别强，有些评价内容没有办法量化，在此主要设计一个共性评价指标基本架构，当评价某一具体禁止开发区时，适当地调整评价指标。禁止开发区生态预算动态绩效评价指标，见表6-13[76,146]。

表 6-13　禁止开发区生态预算动态绩效评价指标

一级	二级	三级	三级指标说明
社会治理绩效	人民福祉	劳动年龄人口平均受教育年限/年（D1）	农村居民受教育程度
		千人图书馆藏书数/册（D2）	农村居民文化
		千人卫生专业技术人员数/人/千（D3）	农村居民医疗卫生
		基本养老保险参保率/%（D4）	农村居民社会保障
		农村居民恩格尔系数/%（D5）	农村居民财富
生态管理绩效（A）	生态修复与自然资源保护（B1）	新增水土流失治理面积/平方千米（C6）	生态修复
		新增荒漠化（石漠化）治理面积/平方千米（C7）	
		污染物排放发生次数/件（C8）	污染物零排放控制
		自然文化资源破坏次数/件（C9）	自然文化资源保护
	生态服务（B2）	森林覆盖率/%（C10）	森林质量
		森林蓄积量/亿立方米（C11）	森林总量
		草地覆盖率/%（C12）	草地质量
		湿地植被覆盖率/%（C13）	湿地质量，评价湿地公园可以在此基础上细化为具体的多个指标
		自然保护区面积比重/%（C14）	生物多样性，评价国家级自然保护区、世界文化自然遗产、国家级风景名胜区在此基础上细化

资料来源：①赵景华，李宇环. 国家主体功能区整体绩效评价模型研究［J］. 中国行政管理，2012（12）：20-24.

②《中华人民共和国国民经济和社会发展第十三个五年（2016—2020年）规划纲要》。

二、确定禁止开发区生态预算动态绩效评价指标的权重

由于国家级自然保护区、世界文化自然遗产、国家级风景名胜区、国家森林公园、国家地质公园这几类禁止开发区存在很大的差异，其指标权重的确定要结合评价区域是属于禁止开发区中哪一类。评价国家自然保护区时，一般生物多样性指标占的权重增加；评价世界文化自然遗产、国家级风景名胜区、国家地质公园时，一般自然文化资源保护占的权重比较大；评价国家森林公园时，一般森林资源的质量与总量指标占的权重比较大。因此，在此没有采用专家访谈，运用层次分析法确定各指标的权重。考虑到禁止开发区的类型特别多，且每一个具体的禁止开发区对动态指标的个性要求非常高，比较适合做个案研究，短时间内很难对所有禁止开发区进行全面、系统的评价。因此，在后面生态预算绩效指标应用部分没有对禁止开发区的生态预算绩效指标开展应用，将作为本书后续研究内容。

第七章　主体功能区生态预算绩效评价配套制度研究

为了确保主体功能区生态预算绩效评价高效、有序地推进，在设计绩效评价指标体系的同时，要加强对绩效评价标准、绩效审计机制、绩效问责机制与问责结果应用等配套制度的完善。绩效评价标准是绩效评价的直接依据，也是绩效审计的参考，绩效审计是在绩效评价的基础上再评价，绩效评价过程中产生绩效评价报告，绩效审计过程中产生绩效审计报告，两者共同服务于绩效问责。主体功能区生态预算绩效评价与配套制度关系，如图7-1所示。

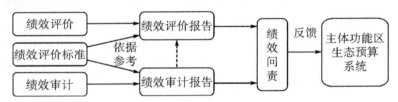

图7-1　主体功能区生态预算绩效评价与配套制度的关系

第一节　主体功能区生态预算绩效评价标准

一、生态预算流程绩效评价标准

美国政府先后制定出"项目等级评价工具""三色等级评价体系"。2002年，美国总统管理与预算办公室开发实施了项目分级评价工具（PART），其基本做法是先对单一项目评价，计算单一项目等级得分，然后将项目得分转化为"有效（85~100）""基本有效（70~84）""接近有效（50~69）""无效（0~49）""未能出现预期的项目结果"5个等级[51]。虽然流程绩效值采取量化的方式计算出来，但是生态预算流程绩效的本质属于定性评价，其指标值计算具有很大的主观性，指标值只能描述预算流程效率高低，很难精准反映流程绩效，可能出现两个主体功能区生态预算流程的完善程度相差不大，但是流程绩效值不同的情形。如果直接根据流程绩效评价指标值的高低来判断主体功能区生态预算流程质量的高低，不太合理，因此，将预算流程绩效值转化为等级，然后在此基础上判断生态预算流程运行效率更加合理一些。

主体功能区生态预算流程绩效评价标准可以借鉴等级评价工具。绩效评价标准包括生态预算流程绩效评价标准和四环节绩效评价标准。①生态预算流程绩效评价标准。在预算流程绩效评价初期划分为 4 个等级，在预算流程绩效评价成熟后划分为 5 个等级。因为在绩效评价初期，绩效评价主体的专业技术能力与评价经验都不足，绩效评价主体的主观性对绩效评价影响很大，因此将绩效评价划分为 4 个等级，每个等级的幅度大一点可以减少等级数，也在一定程度上减少评价主体的主观影响。随着绩效评价主体的专业能力的提升以及经验的积累，主观因素对绩效评价的影响越来越小，可以在 4 个等级的基础上划分为 5 个等级。计算出各主体功能区生态预算绩效值后，结合各等级标准就能将主体功能区生态预算流程绩效状况确定为哪一等级，其中绩效值可以采取百分制，也可以转换为 [0~1] 区间。②四环节绩效评价标准。由于主体功能区生态预算流程绩效不是决策绩效、执行绩效、报告绩效与合作绩效的简单叠加，而是四环节的综合影响。所以，除了设计生态预算流程绩效评价标准以外，还设计生态预算决策绩效、执行绩效、报告绩效与合作绩效 4 个环节的具体评价标准。为了保证四环节绩效评价标准与生态预算流程绩效评价标准的统一性，四环节具体绩效评价标准也采取等级评价，在评价初期与成熟期，分别采用 4 个等级或 5 个等级，评价标准应用的思路与流程绩效评价标准应用的思路基本相同。主体功能区生态预算流程绩效评价标准，见表 7-1。

表 7-1　主体功能区生态预算流程绩效评价标准

评价阶段		评价等级与绩效值				
初期	4 个等级	有效	基本有效	/	无效	未能出现预期的预算效果
	绩效值	0.8~1	0.5~0.79	/	0~0.49	0
成熟期	5 个等级	有效	基本有效	接近有效	无效	未能出现预期的预算效果
	绩效值	0.85~1	0.7~0.84	0.5~0.69	0~0.49	0

资料来源：本表根据本书内容整理制作。

计算某一主体功能区生态预算流程绩效值分三步：首先，将描述流程绩效的3级评价指标设计成问卷，采取5级量化打分的方法，对该主体功能区内生态投资者、生态受益者、预算决策者、预算管理者和预算监督者（如行业中介、高等学校与科研院所的专家）等主体进行问卷调查。其次，计算出各被调查对象给出的指标值。对各指标值进行标准化处理，计算各指标的平均值，用各指标平均值乘以其对应的权重所得值相加，计算出各主体功能区生态预算的决策绩效值、执行绩效值、报告绩效值与合作绩效值。最后，计算生态预算流程绩效值。结合四环节绩效值与权重，计算生态预算程序绩效值。

对比分析主体功能区生态预算流程绩效值与流程绩效评价标准，确定主体功能区生态预算流程绩效属于哪个等级，对不同等级的主体功能区生态预算流程有针对性地提出优化建议。①有效等级的流程绩效。流程绩效有效，说明预算各个环节也是有效的，主要归纳其预算中成功之处，并在其他预算环节推广，以便于进一步提高生态预算流程。②基本有效等级的流程绩效。进一步分析四环节的预算绩效，以确定其在哪个环节存在缺陷从而影响生态预算局部程序绩效，并分析其原因，提出改进建议。③接近有效等级的流程绩效。在进一步分析四环节绩效的基础上，确定哪几个环节存在缺陷从而严重影响生态预算流程整体绩效，从整体的角度分析原因，提出系统的完善建议。④无效等级的流程绩效。由于生态预算流程无效，通过全面深入分析四环节绩效，挖掘生态预算流程失效的深层次根源，提出重构主体功能区生态预算流程的方案。只有针对不同等级的生态预算流程，深入分析其四环节绩效，才能把握主体功能区生态预算流程存在的缺陷，提出差异化完善生态预算流程的建议。

二、生态预算动态绩效评价标准

（一）单一绩效指标评价标准

单一绩效指标评价标准的确定区分评价的主体功能区属于国家、省级、市级哪个层次，根据国家、省市与地区的规范性文件、中长期规划与计划中明确的指标目标值作为单一指标的参考评价标准。单一绩效指标评价标准来源汇总见表7-2。

表 7-2　单一绩效指标评价标准来源汇总

主体功能区层次	中短期评价标准	长期评价标准	标准选择说明
国家层次主体功能区	各省市的年度发展计划以及《国家"十三五"经济发展规划》《"十三五"生态环境保护规划》《水污染防治行动计划》《大气污染防治行动计划》《土壤污染防治行动计划》	全国中长期发展规划以及《全国主体功能区规划》《全国生态功能区规划》《全国农业可持续发展（2015—2030）年》《国家生态文明建设示范村镇指标（试行）》《国家生态文明建设试点示范区指标（试行）》等规划、计划	主要根据国家层面的规划与计划确定评价标准
省级层次主体功能区			主要根据国家与省级层面的规划与计划确定评价标准
市级层次主体功能区			主要根据省级与市级层面的规划与计划确定评价标准
县级层次主体功能区			主要根据市级与县级层面的规划与计划确定评价标准

资料来源：本表根据本书内容整理制作。

梳理相关规范性文件、规划与计划等权威文献，部分生态预算动态绩效评价指标的最低评价参考标准见表 7-3。

表 7-3　部分生态预算动态绩效评价指标的最低评价参考标准

维度	评价指标	参考评价标准	标准来源
经济发展中自然资源消耗（自然资源投入）	万元 GDP 耗水量	2020 年累计下降 23%	国家"十三五"规划
	万元 GDP 建设用地面积	小于 0.015 38 平方千米/亿元（优先开发区），小于 0.018 18 平方千米/亿元（重点开发区）	《国家生态文明建设试点示范区指标（试行）》
	万元 GDP 能耗量	2020 年累计下降 15%，小于 0.55 吨标准煤/万元（优先开发区），小于 0.45 吨标准煤/万元（重点开发区）	国家"十三五"规划和《国家生态文明建设试点示范区指标（试行）》
	单位农业总产值耗水量	2020 年累计下降 23%，农田有效灌溉率 2020 年 55%以上、2030 年 57%以上	国家"十三五"规划、《全国农业可持续发展规划（2015—2030 年）》
	万元农业总产值占用农作物播种面积	结合区域情况确定	
	万元农业总产值消耗机械总动力	到 2020 年主要农作物耕种收综合机械化水平达到 68%以上	《全国农业可持续发展规划（2015—2030 年）》
	万元农业总产值农业从业人员	结合区域情况确定	
	万元农业总产值化肥施用量	折纯，小于 220 千克/公顷	《国家生态文明建设示范村镇指标（试行）》

表7-3（续）

维度	评价指标	参考评价标准	标准来源
生态经济（农业）发展水平（经济产出）	GDP 年增长率	年增速>6.5%	国家"十三五"规划
	人均 GDP	结合区域情况确定	
	第三产业占 GDP 比重	>60%	《国家生态文明建设试点示范区指标（试行）》
	常住人口城镇化率	常住人口城镇化率 2020 年为 60%	国家"十三五"规划
	工业增加值占 GDP 比重		
	每万人发明专利拥有量	2020 年为 12 件	国家"十三五"规划
	农业总产值增长率	年增速>6.5%	国家"十三五"规划
	人均粮食产量	结合区域情况确定	
社会治理中自然资源消费（自然资源投入）	城镇居民人均生活用水量	结合区域情况确定	
	农村居民人均生活用水量		
	农村居民人均住房面积		
	人口密度		
	城镇居民人均生活煤炭消耗量		
	农村居民人均用电		
民生福祉水平（社会产出）	城镇居民人均可支配收入	年增速>6.5%	国家"十三五"规划
	农村居民人均可支配收入	年增速>6.5%	国家"十三五"规划
	劳动年龄人口平均受教育年限	2020 年为 10.8 年，年增速大于 0.57 年	国家"十三五"规划
	千人卫生专业技术人员数	结合区域情况确定	
	城镇新增就业人数		
	城镇居民恩格尔系数		
	农村居民恩格尔系数		

表7-3（续）

维度	评价指标	参考评价标准	标准来源
自然资源环境维护、修复投入（生态投入）	亿元 GDP 化学需氧排放量	2020 年累计减少 10%	国家"十三五"规划
	亿元 GDP 二氧化硫排放量	2020 年累计减少 15%	国家"十三五"规划
	亿元农业产值化学需氧排放量	2020 年累计减少 10%	国家"十三五"规划
	亿元农业产值二氧化硫排放量	2020 年累计减少 15%	国家"十三五"规划
	工业固体废物综合利用率	结合区域情况确定	
	固体废弃物排放量减少	结合区域情况确定	
	环境污染治理投资总额占 GDP 比重	生态环保投资占财政收入比例>15%	《国家生态文明建设试点示范区指标（试行）》
自然资源质量及生态功能（生态产出）	城市空气质量优良率	2020 年>80%	国家"十三五"规划、《"十三五"生态环境保护规划》
	森林覆盖率	2020 年>23.04%，年增速 1.38%	国家"十三五"规划
	建成区绿化覆盖率	结合区域情况确定	
	人均耕地面积	结合区域情况确定	
	草原植被覆盖率	2020 年>56%	国家"十三五"规划
	自然保护区面积比重	结合区域情况确定	

资料来源：主要根据国家"十三五"规划以及《"十三五"生态环境保护规划》《国家生态文明建设试点示范区指标（试行）》等整理制作。

（二）生态预算协调绩效评价标准

中国政府对区域协调发展一直比较重视。中国共产党第十六届五中全会提出坚持大中小城市和小城镇协调发展；中国共产党第十六届六中全会审议通过的《中共中央关于构建社会主义和谐社会若干重大问题的决定》再次提出落实区域发展总体战略，促进区域协调发展；党的十九大报告指出实施区域协调发展战略，建立更加有效的区域协调发展新机制；2018 年出台的《中共中央国务院关于建立更加有效的区域协调发展新机制的意见》进一步指出必须加快形成统筹有力、竞争有序、绿色协调、共享共赢的区域协调发展新机制，促进区域协调发展。从国家层面来看，对区域协调发展的认识与理解越来越深，由于各区域的基本情况差异很大，从国家层面很难制定定量的区域协调评价标准，对协调发展的评价标准更多是一些定性的描述，比较粗线条，尤其是对主体功能区协调发展的评价标准更加少。理论界对区域协调发展度的评价标准研究得比较多，专家们比较认同根据区域协调程度的高低，将区域协调发展度划分为3~5个等级。区域协调发展评价经济、社会与生态子系统之间的协调程度，有的用区域协调度，也有学者用区域协调发展度，考虑到区域协调发展度指标更加能反映区域协调的发展程度，在这采取区域协调发展度指标。由于主体功能区是一个包括经济子系统、社会子系统、生态子系统在内的复合生态系统，因此主要借鉴了以区域复合生态系统为研究对象的汪波等[147]、石培基等[148]、洪开荣[149]等学者研究中所采取的区域协调发展度指标，区域协调发展度既考虑了主体功能区子系统之间的协调状况，又能体现主体功能区子系统发展水平组合的数量程度。主体功能区协调发展度等级划分见表7-4[147-149]。

表 7-4　主体功能区协调发展度等级划分

值域	0~0.21	0.22~0.43	0.44~0.65	0.66~0.87	0.88~1
等级	极不协调	较不协调	基本协调	比较协调	非常协调

资料来源：①汪波，方丽. 区域经济发展的协调度评价实证分析［J］. 中国地质大学学报，2004（6）：52-55.

②石培基，杨银峰，吴燕芳. 基于复合系统的城市可持续发展协调性评价模型［J］. 统计与决策，2010（14）：36-38.

③洪开荣，浣晓旭，孙倩. 中部地区资源—环境—经济—社会协调发展的定量评价与比较分析［J］. 经济地理，2013，33（12）：16-23.

第二节　主体功能区生态预算绩效独立审计制度安排

一、生态预算绩效审计主体及责任

在主体功能区生态预算绩效审计中，从主观方面分析，审计主体的胜任能力与独立性对审计质量的影响较大，审计责任明确能促进审计主体提高审计效率。主体功能区生态预算绩效审计不同于政府绩效审计、注册会计师审计与内部审计，审计人员要独立于主体功能区各级政府与相关主体审计主体功能区生态预算系统及其相关主体，对审计人员的能力与公正性要求较高。

（一）审计主体的胜任资格

主体功能区生态预算绩效由经济绩效、社会绩效与生态绩效组成，尤其重视经济、社会与生态之间的协调发展绩效，涉及经济、社会、生态、环境、资源与社会治理等多个领域。政府审计人员、注册会计师很难胜任主体功能区生态预算绩效审计，如美国多数环境审计均由科学家和工程专家完成[150]。调研表明：由于注册会计师没有从事环境审计业务的需求，或许他们不具备相应的专业技能[151]，但是注册会计师具有较强的独立性。完全由科学家、工程专家或注册会计师等单一的主体实施审计，都是很难保证审计质量的。因此，主体功能区生态预算绩效审计主体应是混合型专家团队，由预算专家、生态专家、环境专家、经济学家、社会学家与注册会计师等组成。能否成为混合型专家团队成员，必须通过一定的资格认证，如注册会计师考试必须通过资源环境方面的资格认证考试，环境、生态方面的专家必须通过审计方面的资格认证考试。然后对混合型审计团队进行整体认证，认证的内容包括团队成员职业道德水准、专业知识结构的完整性、团队整体技能水平等方面。

审计主体公正是指审计人员在审计过程中不偏不倚，公正实施审计。在计划行为理论中，"态度""主观规范"和"知觉行为控制"共同决定了行为意向[152]，而"态度"与"主观规范"是由审计人员价值观决定的。因此，提高审计人员的公正性可以从两个方面入手：①审计人员主观价值观；②审计人员行为控制规范。审计行为规范综合表现为实质性独立与形式上独立，实质性独立表现为混合型审计团队与被审计的各主体功能区不存在影响其客观审计的经济利益、政治利益关系。形式上独立主要表现为混合型审计团队的产生、团队成员的遴选不受相关利益主体左右。为了保证混合型审计团队的独立性应注意两个方面：①独立的审计人员遴选机制。通过改进审计团队的产生机制来确保审计团队的独立性，如混合型审计团队由主体功能区共同的上级人大委托，对主体功能区生态预算绩效审计，只对共同的上级人大负责。②审计团队的审计报酬由上级人大支付。审计人员与被审计主体之间不存在经济关系，保证审计人员实质独立。

（二）审计主体的责任

在生态预算绩效审计过程中，如果绩效审计主体的责任不明确，将会严重影响审计实施，其独立性毫无疑问会受到很大的影响。要明确审计责任，首先必须明确预算绩效审计的对象。预算绩效审计对象包括：绩效预算制度、预算系统、预算行为与预算结果。审计主体对四类审计对象实施审计，必须尽职履行两项义务：①报告义务。审计人员实施必要的审计程序，获取充分的审计证据，能发现主体功能区经济、社会与生态存在重大协调风险，及时对外报告。②管理建议义务。针对发现的重大问题，有义务提出纠偏建议。在履行上述两方面的义务过程中，由于审计主体个人过失或主观恶意造成未发现所有重大风险，审计主体将承担相应的民事责任、行政责任与刑事责任，必要时要承担民事赔偿责任。使审计人员责、权、利匹配，避免出现有权、有利却无责的格局，只有责、权、利相当的审计人员才能胜任审计职业。

二、生态预算绩效审计标准制定

（一）审计标准制定权

审计标准的制定权由谁掌握，制定的审计标准越能体现这类主体的意志，最大程度能满足其需求，对这类主体越有利。因此，与审计标准相关的主体将采取不同的方式、通过不同的渠道直接或间接影响审计标准的制定。在主体功能区生态预算绩效审计中，涉及的直接利益相关主体有生态投资者、受益者、生态预算决策者、执行者与监督者等多元主体。由于生态预算的对象是自然资源环境，自然资源环境属于公共资源，影响着主体功能区的社会公众，因此，主体功能区的社会公众是生态预算绩效审计间接相关的利益主体。不管是直接相关主体还是间接相关主体，都会通过审计域①秩序来影响审计标准的制定，只有由具有广泛代表基础的主体掌握审计标准的制定权，所有相关利益主体才能接受。政府是合作广度最大的集体，只有政府才能代表包括所有社会公众在内的利益相关者。从理论上来讲，审计标准制定权由政府控制比较合适，但是由于政府受到有限规模的限制，为了提高其经济有效性，会将部分权利分解外包[153]。主体功能区生态预算绩效审计标准的复杂性已经远远超过了政府有限规模效益的临界值，从而不得不将主体功能区生态预算审计标准的直接制定权外包给行业专家，政府保留审计标准的最终否决权，以制约专家在主体功能区生态预算绩效审计标准制定过程中自行代表国家的行为，也可以防止寻租、俘获审计标准的制定。由于主体功能区有的跨越多个行政区，有的是同级行政区，有的具有上下级关系，各级政府只能代表本行政区社会公众利益，只有主体功能区各级政府的共同上级政府或各级政府的联席政府才能代表主体功能区所有利益主体。考虑到政府及其部门是生态预算编制者、执行者，如果将生态预算绩效审计标准的制定权赋予政府，政府可能会降低审计标准，以虚增预算的执行绩效。因此，生态预算绩效审计标准的最终否决权由共同的上级人大完成比较合适，也与我国现行法律体系相符。

（二）生态预算绩效审计标准

审计执行标准是审计执行前既定的，系统规范生态预算决策、执行与结果

---

① 审计域是企业中可审计实体的集合。审计域中的可审计实体可分为部门、职能或业务线，并可以根据需要来定制。

的指南。生态预算绩效审计标准与绩效审计指标、绩效评价标准之间存在内在统一的逻辑关系，制定绩效审计标准要注意三者的统一性。主体功能区生态预算绩效审计标准可由审计法规、审计基本准则、审计具体准则与审计指南组成。审计具体准则与审计指南从宏观与微观两个层面设计。从生态预算程序来看，包括预算决策审计标准、预算执行审计标准与预算结果审计标准，预算结果审计标准又包括经济绩效审计标准、社会治理绩效审计标准与生态绩效审计标准。然后，纳入 PSR（压力—状态—响应）框架下设计主体功能区生态预算绩效审计标准。PSR 框架下主体功能区生态预算绩效审计标准，见表 7-5。

表 7-5 PSR 框架下主体功能区生态预算绩效审计标准

准则层	要素层	具体评价标准
压力标准	自然资源消耗	万元 GDP 用水量、万元 GDP 占地面积
	能源消耗	万元 GDP 能耗
	污染物排放	万元 GDP "三废" 排放量
状态标准	经济绩效	人均 GDP、第三产业占 GDP 的比重、科学技术服务占 GDP 的比重
	社会绩效	城镇登记失业人员再就业率、人口密度、城镇化率、城镇人均可支配收入、社会保障就业支出、卫生教育支出
	生态绩效	废水排放达标率、废气排放达标率、建成区绿化覆盖率、空气质量
	主体功能区协调绩效	主体功能区经济—社会—生态协调发展度、主体功能区经济—社会—生态发展度
响应标准[17]	政策法规响应标准	预算项目与国家规划法规的符合程度、预算执行偏差程度
	预算程序响应标准	预算决策绩效、预算执行效率、预算报告绩效、预算合作绩效
	预算资金使用响应标准	筹资成本、筹资结构、投资收益率、投资结构、生态红利分配、投入产出效率

绩效审计标准以定量标准为主、定性标准为辅，突出经济、社会与生态之间的综合协调发展度。部分学者已对主体功能区生态预算绩效审计开展研究，并取得一定的研究成果，但是研究成果不系统，直接利用难度比较大。政府可以采取项目资助的方式进一步加大对主体功能区生态预算绩效审计标准的系统研究，为制定审计标准做前期论证；在研究成果比较成熟的基础上，参考国外成功的实践经验，将研究成果提升为地方规章，在局部主体功能区试点；试点

成功后，提升为部门规章在全国推广。整个审计标准制定过程由政府主导，主要依托环境专业审计委员会，利用专家的研究成果，广泛征求相关利益主体的意见，循序渐进地提炼与提升审计标准，最终形成国家标准。

三、生态预算绩效审计程序

（一）独立审计执行程序

审计标准是客观的技术标准，审计主体是审计职业判断的实施者，审计程序是审计主体运用审计标准的过程，审计执行程度的独立程度显示客观审计标准与主观审计主体在审计中的综合效果。单一追求审计标准的科学性与审计主体的公正性，其意义远不如重视独立的审计执行程序。对独立审计程序的理解，有学者视为是构筑审计人员实施审计的隔音空间[154]。在相关利益主体影响审计标准的制定程序没有达到预期目标时，将会产生强烈的动机影响审计执行程序，以实现其个人或团体的目标。为了提高审计执行程序的独立性，要做到：①设计全面、详细的审计程序。全面的审计程序对审计执行所关注的控制点予以规范，详细的审计程序对关键控制点之间的空白区域进行有效填充，以减少出现真空区域，从而建立起一堵无形的墙隔离审计主体与其他相关利益主体。②增强审计程序的这堵隔音墙的厚度。为了自身利益，相关利益主体会采取各种不同方式跨越隔音墙，影响审计执行。为了避免隔音墙无效，或增强隔音效果，可以从两方面入手：一是增强审计程序的刚性。以往的审计程序考虑到审计过程要依靠审计主体的职业判断能力，过分强调审计程序柔性的一面，从而导致相关主体影响审计程序，审计程序轻易变形的事件常有发生。在很难判断审计结果公正程度时，公正的审计执行程序显得尤为重要，只有凸显审计程序刚性的一面，才能有效地发挥审计程序的作用，如减少审计人员在审计过程中不必要的弹性空间。二是对故意曲解、扭曲审计程序予以严厉制裁。不管是审计主体还是相关利益主体，只要其故意采取各方式影响审计程序的独立执行，不管是否产生对自己有利的结果，都将受到法律的严厉制裁，从源头上杜绝各类主体故意影响审计执行程度的动机。我国政府绩效审计由国家审计部门组织实施，企业审计由注册会计师组织实施。主体功能区生态预算绩效审计是中观审计，从理论上讲采取政府审计模式比较符合我国的审计体制，但是为了增强主体功能区生态预算绩效审计的独立性，考虑到审计对象的复杂性，采取政府主导型的社会审计模式更加合理。

（二）预算绩效审计报告

审计结束形成规范的审计报告，将主体功能区生态预算的压力、状态与响应及时对外报告。审计报告是独立审计人员接受委托人委托实施必要的审计程序形成的书面文件。审计报告是建立在预算信息透明基础之上的，由于审计问责、预算系统纠偏又以审计报告为直接依据，审计报告是整个审计结果运用基础的一步，审计报告质量直接影响审计问责与系统纠偏。审计报告制度构建之前，首先要厘清预算信息公开的法律制度与预算信息保密的法律制度之间的关系，防止预算信息保密制度成为预算信息透明的借口，从而阻碍审计报告制度的构建。因此，在《中华人民共和国预算法》《中华人民共和国审计法》中必须明确预算信息公开的目录，为审计报告制度提供法律依据。在审计报告制度中重点要明确审计报告内容、审计报告主体、审计报告时期与审计报告透明度等。①审计报告内容。审计报告主要由审计意见、责任归属与问责建议三部分组成：审计意见主要是对主体功能区生态预算绩效水平进行综合评价；责任归属主要是对审计中发现的重大问题明确责任部门或责任主体；问责建议主要是针对审计中发现的重大问题，根据责任主体的动机与问题的性质向问责部门提出相应的问责建议。②审计报告主体。由于主体功能区生态预算绩效审计的委托人代表主体功能区所有的利益相关者，审计报告也就具有公共物品属性的特征，在审计人员与被审计对象全面沟通的基础上，征求委托方同意后，由政府审计机关及时对外公告。③审计报告时期。审计报告时期应采取定期报告与非定期报告相结合的方式。每年度必须出具年度审计报告，专项审计报告不定期对外报出。④审计报告透明度。对不需要保密的审计结果直接对外公告，对其中技术信息需要保密的内容可以不公告，对有些涉密信息只限于局部主体之间共享，报告信息不公开，直接传递给相关主体。

四、生态预算绩效审计问责机制

审计主体对外公告或报送审计报告之后，政府相关部门要及时响应审计结果、及时启动问责机制，生态预算责任主体对生态预算决策、执行、报告与合作中存在的问题深究其原因，及时采取完善措施。问责不是根本目的，问责只是为了使主体功能区生态预算日益完善。

（一）审计报告与审计问责联动

绩效审计不是为审计而审计，审计报告并不代表审计结束，而是意味着审计问责机制与预算纠偏机制的开始，审计问责的最终目的是保证审计结果能被充分的应用。审计报告与审计问责之间的对接渠道是否畅通，直接影响审计问责的结果。①行政问责。行政问责是主管部门针对责任主体在生态预算中未尽职尽责产生重大风险，或行为性质比较严重的责任主体，要求其承担一定的行政与刑事责任，以警示责任主体在生态预算中注意责、权、利匹配。②社会问责。社会问责是公众媒体、社会中介、公众等主体对预算事件提出质疑，要求责任主体做出响应，是公众广泛参与的问责机制。为了实现审计报告与审计问责的无缝对接，在审计报告与审计问责之间至少要做到"两互动、一联动"：首先，审计报告与行政问责互动。主管部门问责是一种行政问责，其法律约束力比较强，是绩效审计最有力的配套措施。在审计报告传达给主管部门以后，主管部门必须及时启动问责机制，同时对系统纠偏过程持续跟踪，将问责结果、系统纠偏效果及时反馈给审计人员，广泛征求其意见之后，决定是否启动二次问责机制。其次，审计报告与社会问责互动。社会问责是充分利用舆论压力形成的一种道德约束，使相关责任主体面对强大的舆论压力，不得不采取措施改进预算系统、优化自己的预算行为，如大众媒体、知名人士、社会团体对突出预算问题持续关注并予以公开就是一种典型的社会问责。社会问责主要借助舆论压力、道德谴责，其影响有限，有时启动社会问责得不到任何回应，如经常出现媒体质疑、责任部门无动于衷等。最后，社会问责与行政问责联动。为了充分发挥社会问责这种独立性很强的问责机制，当社会问责对象不响应，且社会问责合理、合法的条件下，必须及时启动行政问责。在行政问责启动成本较高时，也可以及时启动社会问责助力行政问责。社会问责与行政问责之间没有启动的先后顺序关系，也不存在唯一性，即先启动社会问责还是先启动行政问责，取决于谁第一时间在条件成熟时发起问责机制。一方启动了问责机制并不代表另一方不需要启动或终止启动问责机制，而是视情况启动问责机制，形成联动问责机制。在现实社会中，行政问责与社会问责可以单独使用，但是综合使用效果更好。

（二）生态预算纠偏机制

审计问责在追究相关主体承担责任的同时，更加希望生态预算相关责任主体改进、优化存在问题的生态预算系统，杜绝预算主体不合理、不合规的诉求。生态预算纠偏过程主要是完成问责处理与纠偏两项工作。

1. 生态预算问责处理机制

针对预算过程中存在由于预算相关主体过失、主观、恶意造成生态预算不能达到预算目标的事件、行为的预算相关主体，追究其民事、行政与刑事责任。

2. 生态预算纠偏机制

纠偏机制主要是对生态预算以下几个方面予以纠正：①完善生态预算法律制度。针对审计中发现的预算法律制度的不足之处，立法机构、行政部门组织专家积极论证，弥补法律制度自身的不足，使主体功能区生态预算顶层制度设计更加完善。②改进生态预算系统。相关主体要根据审计中发现的问题，采取措施以弥补生态预算系统中存在的重大漏洞，完善生态预算系统，构建预防机制，突出生态预算系统的预防功能。③优化预算行为。优化预算行为主要是制止预算执行主体、预算利益相关主体产生严重干扰预算系统正常运行的预算行为。与此同时，问责部门对发生的重大问题要进行持续跟踪，以保证审计中发现的问题能彻底解决，在问题不能及时解决时，必要时可以启动二次问责机制。

第三节 主体功能区生态预算问责体系

一、我国生态问责状况及存在的问题

（一）生态问责状况

1. 生态问责相关法规

2006—2016 年生态问责相关的重要法规整理见表 7-6。从表 7-6 可知：国家从法律层面对生态问责做了零散的规定，国务院在基础上对生态问责做了进一步规范。地方针对生态问责也颁布了一些规定，如贵州省、浙江省与福建省等，但是专门的生态问责法规很少。我国生态问责法律法规主要散嵌在相关法律制度之中，还没有形成系统的生态问责法律体系。

表 7-6　2006—2016 年生态问责相关的重要法规整理

年份	法规	对生态问责的规定
2006	《环境保护违纪行为处分暂行规定》	专门规定
2008	《中华人民共和国水污染防治法》	零散规定
2013	《大气污染防治行动计划》	零散规定
2015	《中华人民共和国环境保护法》	零散规定
2015	《水污染防治行动计划》	零散规定
2016	《土壤污染防治行动计划》	零散规定

2. 生态问责力度

根据 2004—2014 年《全国环境统计公报》《环境状态公报》与《最高人民法院公报》的数据，统计这几年的全国环境行政处罚事件数、全国环境突发事件数、环保部门直接处理环境突发事件数以及环保部门直接处理环境突发事件数占全国环境突发事件数比例[155]，具体见表 7-7。从表 7-7 可知：全国环境行政处罚事件数呈 M 形变化，全国突发环境事件数呈 V 形变化，环保部门直接处理环境数突发事件呈波浪形变化。

表 7-7　全国环境行政处罚事件数、全国环境突发事件数、环保部门直接处理环境突发事件数、环保部门直接处理环境突发事件数占全国环境突发事件数比例汇总

年份	全国环境行政处罚事件数/件	全国环境突发事件数/件	环保部门直接处理环境突发事件数/件	环保部门直接处理环境突发事件数占全国环境突发事件数比例/%
2004	80 079	1 441	62	4.30
2005	93 265	1 406	76	5.41
2006	92 404	842	161	19.12
2007	101 325	462	110	23.81
2008	89 820	474	135	28.48
2009	78 788	418	171	40.91
2010	116 820	420	156	37.14
2011	119 333	542	106	19.56
2012	117 308	522	33	6.32
2013	139 059	712	163	22.89
2014	97 084	471	98	20.81

资料来源：杨朝霞，张晓宁. 论我国政府环境问责的乱象及其应对［J］. 吉首大学学报（社会科学版），2015（7）：1-12.

3. 生态问责方式

由于报刊报道的一般是在该区域具有一定代表性与影响的事件，通过中国知网的报刊文献库，以"生态问责""环境问责"为关键词搜索得到相关报刊文献。为了提高文献的权威性与代表性，从中遴选出省级以上（其中有 21 家国家级报刊、15 家省级报刊）的报道内容作为研究对象。根据生态问责的特点不同，将我国典型的生态问责事件进行归纳，见表 7-8。

表 7-8 我国典型的生态问责事件归纳

生态问责典型案件	生态问责类型
2013 年四川遂宁市对治理工作每天巡查、1 周督查、1 月 1 次考评；2016 年湖南省环境保护厅向市州政府常态化通报环境质量，并根据考评结果，对市县采取专函警示、监察约谈、奖励处罚和问责	常态化问责
2011 年湖北房县将水土治理项目层层分解到户，将责任锁定到人，政府部门首席问责乡镇一把手，治理未达标的取消项目，项目所需资金由镇自筹；从江苏太湖流域、安徽全省试点"河长制"到全国推行"河长制"	精准问责
2013 年云南从决策、审批、监督、生产、运输、设备运行维护等环节实现追溯追究制；2013 年四川遂宁市在环保领域实施终身追究制度，设置"环境问责追踪卡"列入主要领导人事档案中	追溯问责与终身问责
2004 年浙江长兴县要求计经、工商、建设等部门配合，将生态环境考核列入乡镇政绩考核，党政一把手对环境质量负责；2006 年广西城建、文明办、卫生与工商等协作整治城乡环境卫生；2008 年福建实施限批，并与金融、经贸、质监、物价和建设组合问责；2011 年山西环境问责通过环保厅与金融部门、铁路部门、电力部门、组织部门、人事部门、工会以及媒体等所有部门与组织对污染企业叫停联手	多部门、多社会组织联合问责
太湖、巢湖、滇池与珠江在蓝藻危机发生后意识到江河湖泊分而治之问责难已落实，采取流域限批	跨区域问责
2005 年北京圆明园湖底防渗工程被生态专家曝光后被叫停	社会问责
2007 年贵阳市中级人民法院成立环境保护审判庭，成立清镇市人民法院环境保护庭，专门审计环境违法案件；安徽全面在落实"河长制"中问责，除追究污染者的责任外，还要对环保部门负责人提起公诉，追究其渎职的刑事责任，后"河长制"在全国推广	公诉问责

资料来源：本表主要是根据中国知网数据库中省级以上报刊报道案件整理制作。

（二）存在的问题

1. 生态问责法律制度体系不健全

在生态问责法律制度方面，专门的生态问责相关法律基本没有，没有成体系的法律法规对生态问责进行系统规范。

2. 政府生态问责弹性很大

从 2004—2014 年全国环境行政处罚事件数、全国环境突发事件数、环保部门直接处理环境突发事件数以及环保部门直接处理环境突发事件数占全国环境突发事件数比例这 4 个指标的变化可以看出，我国各级政府生态问责弹性很大。

3. 生态问责的参与度不高

生态问责在这十几年来出现了三大变化，即从专项问责转化为常态化问责，从粗糙问责转化为精准问责，从单一部门问责转化为多部门联合问责。追溯问责、多部门联合问责、社会问责与跨区域问责等新的问责形式，尚处于萌芽阶段，虽然可以弥补传统生态问责方式的一些不足，但是效果并不明显，主要还是政府主导，其他相关主体参与比较少。

问题的产生原因归纳起来主要有以下两个方面：①生态问责没有融合预算管理中全程、全方位管理的理念；②问责没有立足主体功能区。

二、西方国家生态问责的经验

（一）西方国家生态问责实践

西方部分发达国家在生态问责理论研究与实践起步比较早，积累了丰富的成功经验。有学者研究表明一旦生态环境视为公共物品，生态问责主体由个人道德责任向政府公共责任演变[156]，问责主体从微观上升为宏观，生态问责更加具有全局性、整体性，为了保证目标实现，不仅生态问责过程要公正、独立，公民广泛参与也能成为生态问责过程中强有力而不可缺的力量，采取跨越国界、跨越区域合作进行生态问责更加有效[157]。其中法国、德国、美国、英国、加拿大这五国的生态环境质量很高，与这五国有一套科学的生态问责制度并能有效实施息息相关[158]。五国在实施生态问责过程中，既具有鲜明的共同特征，也各自表现出明显的个性特征[41]。归纳五国生态问责的特征，见表7-9[159-160]。但是五国在生态问责过程中也存在一定的不足：①公众广泛、全程参与可能影响生态问责效率；②有些国家司法对生态问责的影响有限。

表7-9　五国生态问责的特征归纳

国家	共同特征	个性特征
英国	①制定系统的法律制度。除了环境基本法，配套法律文件从多方面进行详细解释，形成了比较系统而又全面的法律体系 ②采取多元问责制。立法机关、司法机关、行政机关、公民、咨询机构与新闻媒体等主体相互配合形成多元问责体系 ③问责机制可操作性强。各项制度都设置有专门的问责机构，责任的边界清楚，针对性、操作性很强 ④问责机制结构化。生态问责机制由环境审计机制、环境影响评价机制、环境公民诉讼等多项制度组成	强调跨国界政府动态评估；行业中介广泛参与问责；生态问责透明
美国		环境影响评价有替代方案；全民参与问责；生态问责的配套措施健全
德国		环境独立审计；团体参与环境诉讼
法国		生态问责的内容全面，问责独立性很强
加拿大		生态问责的评价指标健全，针对性很强；公民全程参与

资料来源：①孙德超. 美国政府问责体系的结构功能及其经验借鉴［J］. 理论探索，2013（4）：23-27.

②司林波，徐芳芳. 德国生态问责制述评及借鉴［J］. 长白学刊，2016（5）：58-65.

（二）西方国家生态问责实践对构建中国生态问责体系的启示

中国要结合自身的国情，在充分汲取五国生态问责成功经验的基础上，尽量避免重现西方国家在生态问责过程中存在的不足，构建具有中国特色的高质量生态问责体系。五国经验对我国实施生态问责有以下 3 点经验可以借鉴：

1. 体系化生态问责顶层制度设计

体系化生态问责顶层制度设计包括系统的法律法规与科学的生态问责机制。①系统的生态问责的法律法规。围绕生态问责，从基本法、行政法规、部门规章与地方法规各个层面进行系统的规范，各层次法律法规高度协调、统一，系统的生态问责法律是构建生态问责机制的直接法律依据。②科学的生态问责机制。生态问责机制一般由环境影响评价、环境审计与环境诉讼等部分构成，科学的生态问责机制能覆盖自然资源环境管理决策、执行、报告与合作各个环节。

2. 高质量生态问责体系的基本质量特征

高质量生态问责体系的基本质量特征与生态问责的共性特征对应，一般要满足以下基本质量特征：① 多元主体互动问责。各级立法机构、政府、部门、非政府组织、企业以及个人等主体要采取不同的问责方式参与生态问责。各种不同的主体在法律、法规的基本框架内，各有分工的履责，多元问责主体在生态问责之中能相互协调合作问责、不同区域在生态问责中能协调合作问责，形成一张完整的生态问责网。②问责透明。生态问责透明既包括生态问责过程透明，也包括问责结果透明。在生态问责过程中，及时将生态问责主体的遴选、问责内容与问责进度等内容对外披露，当问责结束后，能及时将问责结果对外披露，并对外界主体的质疑做出及时响应。③独立问责。不同类型的问责主体组成的问责团队与被问责对象之间不存在形式上与实质上的经济利益关系，且具有很高的专业素养与职业道德情操。

3. 高质量生态问责的兼容性质量特征

高质量生态问责的兼容性质量特征与生态问责的个性特征对应。西方国家生态问责过程中产生的个性特征，主要是各国出于各自的国情需要，在共性的基础上，对生态问责机制进行丰富。中国各地区生态自然资源禀赋差异很大、环境状况差异明显，对生态问责的兼容性需求也很强烈，中国可以借鉴西方发达国家一些适应我国国情的个性特征，设计具有中国特色的生态问责个性特征，以增强中国生态问责体系的适应性。①量化问责。量化问责主要是针对生态问责中人为影响中的非理性影响。尽量将问责内容量化形成指标体系，防止适应相同的问责制度及法律制度的不同区域，由于问责主体的非理性，而导致具体问责内容存在很大差异。②差异问责。考虑到主体功能区的差异，国家层面主要是做好顶层制度设计，对问责机制的共性部分进行设计；生态问责机制中的个性部分的设计权可以下放给各主体功能区，由于各主体功能区对本区域的生态自然资源环境最熟悉，其设计的生态问责机制个性部分更加具有可操作性。当问责基本单元涵盖多个异质主体功能区时，异质主体功能区的生态问责细节将会有所差异。

三、构建主体功能区生态预算问责体系

生态问责是问责主体采取一定的方式作用于问责对象，并将问责结果及时传递给相关主体的过程，由问责主体、问责对象、问责方式、问责过程与问责结果5个基本要素组成，其中问责方式隐含于整个问责过程之中。可见生态问责首先要明确5个基本要素，其次是将其有机组合构成生态问责基本模型。立足于主体功能区，充分借鉴西方五国生态问责成功经验，设计主体功能区生态预算问责模型如图7-2所示，主体功能区生态预算问责体系以系统的生态问责法律制度体系为基本框架，服务于主体功能区生态预算系统构建、优化方面，具有多元、互动、独立、透明、可连续、兼容等特征。

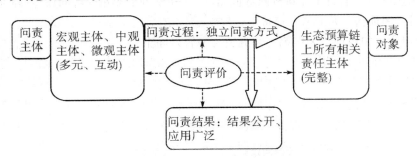

图7-2　主体功能区生态预算问责模型

（一）多元生态问责主体联动

由谁来问责、问责主体如何构成是生态问责中的核心问题之一。根据问责主体是否具有政府性质，问责主体可以分为两类：一类是政府、政府性质的组织；另一类是非政府组织与个人。从问责主体问责的范围来看，问责主体可以划分为宏观主体、中观主体与微观主体三类。各种不同性质的问责主体相辅相成，其中某一类主体启动问责，另一类主体与其他层次的主体要联动响应，形成全方位、多层次的问责网络，单独由其中任何一类主体都是很难全面实现生

态问责的功能[161]。生态联动问责要求政府组织、非政府组织、上下游企业、公民全面参与，掐断被问责对象获取各种资源、信息的渠道，生态问责网全面牢牢锁定被问责对象，这样的问责才会有力度与深度，对被问责对象才能形成威慑力。如对环境污染企业，水、电、能源、银行、上下游企业等主体切断环境污染企业各种资源获取渠道，使环境污染企业没有生存、发展的资源支撑基础；社会中介的环境专家准确量化生态环境污染损失，为生态问责提供直接依据；环境污染企业周围的公民持续跟踪污染企业的排污真实情况与问责后的整改落实情况[155]。要实现相关主体联动，必须在政府主导下，为多方主体联动问责构建基础条件：①鼓励民间力量广泛参与问责、联动问责。非政府组织、企业与公民一旦启动问责程序，政府及政府组织要及时响应并向其提供各种便利，与此同时各级政府应出台非政府组织、企业与公民参与生态问责，以及政府与政府部门不及时响应民间问责的奖惩机制，为多元主体联动问责提供稳定的保障机制。②积极搭建生态问责信息共享平台。只要是有助于生态问责的信息，在不违反国家信息保密法的前提下，政府、政府组织、非政府组织、企业与公民之间能充分、及时地实现生态问责的过程信息与结果信息共享。③问责主体与问责对象完全分离。在问责过程中，政府或政府部门可能既履行问责主体的角色，又履行问责对象的角色，整个问责过程容易流于形式。只有两个角色完全分离，才能使整个生态问责机制有效实施。

（二）平衡"问责广度"与"问责深度"

问责对象中主要解决问责的广度与问责的深度两个关键问题，问责广度是明确问责的横向截面，问责深度主要是明确问责的纵向深度。在成本效益原则的约束下，生态问责不可能在横向截面与纵向深度两维度都无限地延伸，要找到生态问责的最佳横向截面与最佳纵向深度，既能保证所有重要的生态问责对象能问责，也能保证所有被问责的对象能受到适宜的问责。①生态问责广度。生态问责不同于政府问责，对某区域进行生态问责，首先必须考虑区域中主体功能区的类型，如果区域中主体功能区类型单一，其问责单元选择区域或主体功能区都可以，但是如果区域中包括多个主体功能区类型，必须将区域划分为不同的主体功能区，在此基础上，对各不同的主体功能区进行问责，此时问责的基本单元是主体功能区。可见不管区域中包含一类或者多类主体功能区，都可以将主体功能区作为问责基本单元。②生态问责深度。在主体功能区生态预算管理中，生态预算决策、执行与报告等环节形成一条完整的生态预算流程主链，以主链为基础形成一条生态预算网，每一个关键控制点都有相关的责任主体，不仅包括决策者、执行者与报告者，还包括生态投资者、生态消费者等主体。当生态问责启动，首先必须明确是主链中哪个关键控制点存在问题，在主链没有缺陷时，还必须深究辅助链的相关主体。

（三）独立、连续问责

独立、连续问责是对问责过程的基本要求。独立问责是为了保证问责过程的客观公正，从而使相关主体能广泛接受问责结果；连续问责是为了保证问责过程对被问责对象能持续影响，问责过程自身不存在重大缺陷。

1. 独立问责

独立问责的前提是问责主体与被问责对象之间不存在影响其形式上独立与实质上独立的各种利益关系，生态问责主体独立于被问责对象、其他相关主体之外问责，如在环境影响评价、环境审计、环境诉讼中，评价主体、审计主体、诉讼主体与被问责对象不存在经济利益关系，多主体、多部门、多区域互动问责时，问责团队能整体独立。

2. 连续问责

"连续式"生态问责有两层含义：①遵循问责对象的内在时间逻辑关系问责。先问责哪些主体，后问责哪些主体，哪些主体同步问责，这些都是由生态预算各环节之间内在的时间逻辑关系决定。②生态问责常态化。临时性问责与专项问责很难把握生态环境某一时点的状况，很难掌握自然资源环境的动态变化过程，常态化问责能全程掌握生态自然资源环境各个时点的状况。与连续式生态问责相对应的有离散型生态问责、间断式生态问责，离散型生态问责是一种单点问责，完全没有考虑生态预算各环节的时间逻辑关系，而间断式生态问责考虑到各环节的时间逻辑关系，只是选择性问责某些环节。离散型、间断式生态问责是生态问责的高级形态，连续式生态问责是生态问责的低级形态。当社会还没有形成文明消费、利用自然资源的模式之前，如果采取高级形态的生态问责方式，容易出现很多漏洞，比较适合采取连续式生态问责；当社会的文明消费、利用自然资源的模式比较成熟时，可以选择间断式生态问责、离散型生态问责。连续式生态问责提升路径有两种：①从连续式生态问责跃迁为离散型生态问责。在连续式生态问责基础上形成离散型生态问责，首先必须识别生态预算链中的关键控制点是哪个，在此基础上删除非关键管理程序与环节，这是一种激进型提升路径。②从连续式生态问责逐步提升为间断式生态问责。首先必须确定对整个生态问责重新划分，实施分类问责，这是一种稳健型提升路径。

（四）生态问责透明

生态问责透明是指问责的依据是什么、由谁来问责、被问责的对象是谁、如何实施问责、问责进度如何、问责最终结果是什么、问责结果是否具有应用价值等相关信息都及时向社会公开。①问责依据公开。问责依据公开主要是将生态问责所依据的法律、法规、规章进行系统梳理，及时对外公布，这既是生态问责的依据，也是问责的参考标准。②问责主体公开。问责主体公开主要是公开问责主体如何遴选产生，及时公布问责的团队成员详细的背景资料。③被问责对象公开。被问责对象公开主要是在有足够证据能确定哪类主体承担责任时，这些被问责主体的相关背景资料能及时公布。④问责过程公开。问责过程公开主要指生态问责过程采取哪些问责方式，其在整个问责过程中的重要程度以及问责进展如何等相关信息的及时公开。⑤问责结果公开。问责结果公开主要指问责的直接结果、间接效果，问责目标的实现程度，问责结果的应用价值等相关信息的及时披露。生态问责透明其实就是全程、全方位的透明问责。

（五）强化主体功能区生态预算问责量化评价

生态问责以量化问责为主，主要是为了减少问责主体主观因素的非理性影响，量化评价主体功能区生态问责可以从生态问责制度、问责主体、问责对象、问责过程与问责结果5个方面开展，基本涵盖主体功能区生态预算问责中的5个要素，评价时采取李斯特5级量化打分法，对该指标满意度越高，给分越高。主体功能区生态预算问责评价指标与评价标准整理如表7-10所示[162-163]。四类主体功能区采取同一套评价指标，其差异性主要表现在具体评价指标的权重方面。

表7-10　主体功能区生态预算问责评价指标与评价标准整理

评价维度	评价指标	评价标准
问责制度	问责法规	法律制度及法律层次越高、法律体系越完整，给分越高
	问责具体制度	问责制度相关主体认同度越高，给分越高
	问责机制质量	问责机制与法律制度越协调、越完整，给分越高
	问责机制兼容性	问责机制兼容性越强，给分越高
问责主体	问责主体类型	参与问责主体越多，给分越高
	问责主体专业水平	参与问责主体的专业水平越高、越尽责，给分越高
	问责主体之间互动	问责主体之间互动程度越高，给分越高
问责对象	问责基本单元	问责立足点越接近主体功能区高度，给分越高
	问责对象完整	问责对象覆盖生态预算决策、执行等相关主体越多，给分越高

表7-10（续）

评价维度	评价指标	评价标准
问责过程	问责执行连续性	问责常态化程度越高，给分越高
	问责实施独立程度	问责实施主体形式与实质独立程度越高，给分越高
	问责方式多样性	问责方式越多，给分越高
	问责覆盖面	问责越全面，给分越高
	问责过程信息披露	过程信息披露完整且披露越及时，补充披露越少，给分越高
问责结果	问责目标实现程度	问责结果偏离预期目标的程度越低，给分越高
	问责结果应用	问责对优化生态预算系统的正面影响越大，给分越高
	问责结果信息披露	结果信息披露完整，且披露越及时，补充披露越少，给分越高

资料来源：①石意如. 主体功能区生态预算问责体系的构建［J］. 财会月刊，2018（1）：55-59.

②吕俠. 论预算绩效问责机制的建构［J］. 中南财经政法大学学报，2013（1）：66-70.

第四节　主体功能区生态预算绩效评价结果应用

一、优化主体功能区生态预算系统

主体功能区生态预算绩效评价结果应用是否有效，直接影响预算绩效评价的地位与功能。如果只将生态预算绩效评价的结果应用于绩效审计、生态问责等层面，只是对生态预算绩效评价结果的肤浅应用，偏离了生态预算绩效评价服务于主体功能区经济、社会、生态高效可持续协调发展目标。如果主体功能区生态预算绩效评价结果能有效影响生态预算系统、生态预算能力，生态预算绩效评价结果的应用才是充分的。主体功能区生态预算绩效评价结果应用机理如图7-3所示。静态绩效主要应用于改进生态预算系统的硬件，动态绩效主要应用于提升生态预算能力。

20世纪90年代英国管理学家斯塔福德·比尔融合人体系统与控制论，提出了"活系统模型"（viable system model，VSM）[164]，发现可行的系统由决策、开发、执行、协调、优化5个子模块组成，5个子模块协调在确保系统有效运行的同时，还提高了活系统对环境的敏感性。活系统模型为衡量主体功能

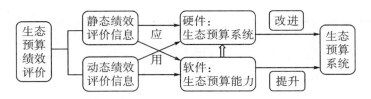

图 7-3　主体功能区生态预算绩效评价结果应用机理

区生态预算系统应用绩效评价结果提供了一条新思路，只有生态预算系统应用
生态预算绩效评价的结果，能使生态预算系统的 5 个方面中的某一方面、某些
方面以及整体有极大的改进，说明生态预算绩效评价结果得到有效的应用。这
具体表现为：①完善生态预算法律制度。对预算法律制度的不足之处，立法机
构组织专家积极论证，弥补法律制度不足，完善主体功能区生态预算顶层制度
设计。②弥补生态预算系统的缺陷。采取措施弥补生态预算系统中存在的重大
漏洞，对生态预算系统中的决策、开发、执行、协调、优化各子模块进行完
善。③固化预算行为。固化预算行为主要是制止预算执行主体、预算利益相关
主体产生严重干扰预算系统正常运行的预算行为，与此同时，问责部门对发生
的重大问题要进行持续跟踪，以保证绩效评价中发现的问题能彻底解决。

　　预算能力的水准严重影响预算政策制度的质量，预算能力是政策响应的根本
性保障基础。艾伦·希克（1990）最先提出"预算能力"，认为没有预算约束与
规范的政府是不可想象的。在预算的不同阶段预算能力也存在差异：在前预算阶
段，政府不具备预算能力；在预算阶段，政府初步具备基本的预算能力；在绩效
预算阶段，政府具有较高的预算能力。政府聚焦于战略与效率形成了正式的预
算。对预算能力的评价，阿伦·威尔达夫斯和内奥米·凯顿（2006）从公共预算
的制度化与民主化两方面衡量"预算能力"强弱，他们基于艾伦·希克的研究
认为，预算能力包括三种理财能力：①在财政可持续下将开支控制在可获得的收
入限度之内；②高效分配稀缺的财政资源来满足公民需要；③高效筹集资金、运
作资金，生产和供给公共产品和服务。国内研究政府预算能力的学者比较少，马
骏（2011）认为预算能力是政府治理的核心，绩效预算最大的挑战不是绩效评价
指标，而是如何整合计划、政策和预算，将资源战略性地配置到关键性的政策领
域，解决最迫切的经济和社会问题。从预算由收入与支出组成角度来看，预算能
力能实现"财政汲取能力"与"再分配能力"之间的有效转化。从公共治理角
度研究预算，认为一个良好的公共预算治理，不仅要透明、可信、可问责，而且
还要公众广泛、深入、实质参与预算全过程，政府就公众对预算的关注主动、及
时、全面的回应。为了避免预算陷入困境，有学者将"结果链"评价体系融入

预算过程。国内外学者认同政府治理其实就是预算治理，而预算治理的成效取决于政府预算能力，在生态文明社会，政府不能只片面关注经济资源的配置能力，更加应该重视自然资源环境的配置，以便服务于生态文明社会建设，改善生态环境。从主体功能区角度研究政府生态预算能力，能为主体功能区协调发展提供能力保障。生态预算能力除了要具有资源配置能力与预算执行能力，还必须具有很强的资金汲取能力。

（一）资金汲取能力

生态预算不同于政府预算，由于生态投资市场不成熟、市场规则不规范，生态投资主体参与的积极性不高，环境持续恶化、修复与保护成本很高，导致生态市场资金需求量巨大，但是生态筹资渠道比较单一、筹资方式比较传统，筹集资金非常有限，造成资金缺口很大。因此，在生态预算中筹集资金是生态预算管理中不得不面对的一个难题，凸显了资金汲取能力在预算能力中的地位。生态资金的汲取基础是"谁享受、谁付费，谁破坏、谁付费"，费用专款专用，是自然资源生态管理稳定的资金渠道；与此同时可以通过发行环保专用彩票，建立生态自然资源环境管理基金，以拓宽资金筹集渠道。

（二）资源配置能力

在生态治理资源十分有限的条件下，如何将有限的资源用于解决紧迫的重大生态问题，高效管理自然资源环境服务于主体功能的建设，而不是纠结于区域年度工作要点与短期目标，这需要政府预算具有较强的资源配置能力。主体功能区形成强大的资源配置能力需要解决两个问题：①耦合生态预算政策、计划与预算。在我国政府财政部门不是唯一的预算核心机构，国家发展和改革委员会、国家政策制定机构都是准预算机构，经常出现政策、计划与预算不协调甚至矛盾的情形。为了确保财政部门在生态预算中的权威地位，生态政策与生态计划制定过程中，要广泛征求生态预算编制者的意见，编制生态预算应依据生态政策、生态计划，以保证生态政策、生态计划与生态预算是一个协调的整体。②整合财政部门与职能部门的预算分歧。生态预算既包括财政部门的财政预算也包括职能部门的实物预算，且以实物预算为主，在资金的配置权与实物配置权分离的情况下，财政预算与实物预算容易产生矛盾。为了使财政预算能很好地引导实物预算，自然资源环境方面的资金预算要广泛听取实物预算部门的意见。③生态预算论证能力。对生态预算表的结构、表中项目及其分类、预算项目的数量或金额的确定，都必须由区域经济学、空间地理、预算、生态环境等方面的专家组成的专家团反复论证，尤其是经济、社会与生态发展之间的协调性前期论证要充分。

（三）预算执行能力

科学配置资源后，构建一套高效的资源运行机制，规范执行生态预算，减少预算执行中的随意性，合理运用预算弹性，也是高质量预算能力的体现。在生态预算的执行过程中要做到：完整的生态预算制度是预算执行中的唯一标准，预算调整须通过科学论证与审核，生态预算过程与结果透明化，自动接收外界、社会的全方位监督，广泛激发宏观与微观主体参与生态预算，使各个预算环节与预算行为都有明确的责任主体。另外，预算参与主体的技术能力也是影响预算执行的重要因素。

综合资金汲取能力、资源配置能力与预算执行能力分析，设计主体功能区生态预算能力评价指标，见表 7-11。

表 7-11   主体功能区生态预算能力评价指标

评价维度		评价指标	指标描述与说明
资金汲取能力		专用生态投资收入、筹资渠道、专用生态投资的收入/GDP	专用生态投资收入描述收入稳定性，筹资渠道、专用生态投资的收入/GDP 描述收入的结构合理性，两个指标值越大，说明预算的生态资金汲取能力越强
资源配置能力	政策、计划与预算耦合能力	政策制定部门、计划制定部门与预算制定部门之间的协调次数	描述财政部门的预算与其他具有准预算功能的机构制定的政策、计划的耦合程度，预算越有利于重大问题、战略问题、继续问题的实施，说明预算的耦合能力越强
	财政预算与实物预算的衔接	财政预算与实物预算的偏差度	描述财政部门与自然资源环境管理部门的预算偏差程度
	生态预算前期论证充分性	论证专家的结构论证次数	描述专家是否能胜任论证工作，并对生态预算设计是否充分论证
预算执行能力	预算制度化	预算调整金额、预算调整金额/预算总金额、预算调整次数	预算过程变更预算内容越少、变更次数越少、调整金额越小，说明预算制度化程度越高
	预算透明化	预算披露内容、预算披露次数	预算信息披露内容越多、披露次数越多，说明预算透明度越高
	预算参与度	预算参与层次、预算参与主体数量	预算参与面越广泛、参与主体越多，说明预算参与度越高

二、主体功能导向的横向转移支付

主体功能区生态预算绩效评价结果应用的另一个领域是政府转移支付。由于对自然资源环境准确计量难度大或计量不够准确，很难成为政府生态转移支付的重要依据，导致生态纵向转移支付比较混乱，横向转移支付随意且难以持续。主体功能区生态预算绩效评价结果与主体功能区生态预算系统共同为转移支付，尤其是横向转移支付提供客观的数据依据，使转移支付的金额与理由更加具有说服力，有利于改变现行横向转移支付的格局。因此，主体功能区生态预算绩效评价结果在横向转移支付领域的应用，尤其是在平行地方政府之间构建主体功能导向的横向转移支付机制，具有很大的应用价值。

（一）现有的横向转移支付存在的缺陷

1. 基本导向难以发力

以基本公共服务均等化、生态环境保护作为横向转移支付的导向，存在两点不足：①容易掩盖地方政府可以满足基本公共服务这一真相。将横向转移支付的目标确定为基本公共服务均等化，其理由是基本公共服务不均等。其实不同区域基本公共服务均等化不是绝对均等，而是相对均等；是基本公共服务均等，不是公共服务均等。各级政府作为一个独立的会计主体，在理财过程中，能做到量入为出，有能力融资建设基本公共服务。何况该地区一旦基本公共服务需求资金明显不足，国家将加大对其纵向转移支付力度。在国家纵向转移支付的大力支持下，绝大部分地方政府用于基本公共服务建设的基金可以自给自足；相反，地方政府不是缺乏基本公共服务建设的资金，而是挪用了本应该用于基本公共服务建设的资金。如某些贫困县，本应该用于改善民生的资金用于大建豪华办公楼，巨资建设的水利设施只是为了应付检查，这些现象一定程度佐证了这一结论。②难以激活相关主体的动力。基本公共服务均等化、生态环境保护导向下的横向转移支付，转出方容易误认为是出于上级政府压力对转入方的无偿支援，难以反映各地区、各政府相互依存的关系，不足以激发相关主体深度参与横向转移支付，从而使横向转移支付可持续发展失去动力。

2. 导向与实现手段不匹配

实现基本公共服务均等化、生态环境保护是长久目标、单一目标，横向转移支付作为一种阶段性手段，直接与基本功能服务均等化、生态环境保护这一终极目标对接，需要不同阶段都有与终极目标对接的一系列实现手段，而这些后续的实现手段并没有出台，容易导致实现基本公共服务均等化、生态环境保护的配套手段在某一时期出现空当。以主体功能作为横线转移支付的直接目标，有利于提高目标与行动手段的契合度，因为主体功能区建设是阶段性目标，横向转移支付是阶段性手段。另外，横向转移支付中，转入方与转出方之间的利益协调机制、利益均衡机制与利益约束机制缺位，在一定程度上约束基于主体功能实施的横向转移支付。

3. 负强化地方政府淡薄的主体功能意识

《全国主体功能区规划》出台后，各地区也陆续出台了本行政区的规划，对各区域的主体功能区做了明确的定位。但是大部分地方政府的主体功能区的主体功能意识不强，不是专注、专攻自己的主体功能，而是照旧搞"全面开花、各个都想突破"，由于地区发展面太大、太散，造成资金需求量大的局面。在资金有限的条件下，极易不区分主业副业，将资金平均分到各个领域。如果横向转移支付以基本公共服务均等化为导向，在现有资金流动以基本公共服务为主线的基础上，会进一步强化基本公共服务均等化对资金流动的影响，而对地区的主体功能不得不因为资金短缺而拖延建设进度，持续时间过长，会弱化地方政府的主体功能意识。随着生态文明建设的提出，生态环境保护是各级政府都必须面对的课题，在经济发展与社会治理过程中要加以重视，但不是所有地区的主体功能，各地区要差别化对待。生态环境保护是生态产品主产区与禁止开发区的主体功能，只是优先开发区、重点开发区与农产品主产区的辅助功能。如果将生态环境保护作为横向转移支付导向，容易滋生生态本位主义，严重影响区域或国家的国土空间布局战略推进。

4. 横向转移支付绩效评价制度缺失

绩效评价是任何经济管理活动中不可缺失的环节，绩效评价能评价横向转移支付过程与结果绩效，有效识别横向转移支付过程中的重大风险，为优化横向转移支付提供直接依据。现行我国横向转移支付主要应用于重大突发事件后的对口援助和贫困地区的对口支援。在转移支付方面并没有法律规范，其直接依据是财政部、各省财政部门的文件。如国家援疆的横向转移支付是几次全国对口支援新疆工作会议上的决议，在决议中很少提到援疆资金的绩效评价制度。广东省内部横向转移支付主要依据是 2009 年广东省财政厅颁布的《关于建立推进基本公共服务均等化横向财政转移支付机制的指导意见》，在资金监管中只是提到要建立检查和跟踪问效制度，但没有相关的文件。2011 年深圳市人民政府办公厅出台的《深圳市对口支援新疆资金管理办法》提出对援疆资金整体绩效要进行评价，建立定期检查和监督机制，提高资金的使用效益，实施联合审计制度，但是配套的整体绩效审计方案并没有出台。可见，不管是国家层面还是地方政府层面，都只意识到要对横向转移支付进行绩效评价，但没有出台系统的绩效评价制度。

主体功能导向下的横向转移支付以主体功能为导向，以资金横向流动渠道畅通为目标，以命运共同体中的差异分工为动力源，采取主体功能值计算为核心的自发型横向转移支付路径[165]。

（二）横向转移支付基本导向：主体功能

各地方政府的功能比较多，基本公共服务、生态环境保护只是政府功能的一部分，还有如技术创新、产业升级、城镇化、工业化、社会稳定、社会保障等。这些功能在不同地区的排序存在差异，在资金有限的条件下，优先满足对该地区长期发展或国家战略实现具有重要意义的功能或组合功能，即该地方政府的主体功能。民生与生态是各地区的主体功能，这是不容置疑的，但是不能视为主体功能的全部，各地区在经济发展、社会治理与生态管理中，会结合国家与区域战略发展需求，增加主体功能。因此，不能简单地以民生、生态作为横向转移支付的基本导向，更应该以能够包容民生、生态等在内的主体功能作为横向转移支付的基本导向，这在一定程度上可以改变以往将生态与民生独立考虑的格局，将民生与生态内化为主体功能来影响横向转移支付。

（三）横向转移支付目标：资金横向自由流动

在各地区、各级政府之间以及其内部各子系统之间都存在一个纵横交错的资金网络，完全由市场机制作用的资金流动，资金会集中于使用效率最高的主体功能区（或子系统），而资金使用效率比较低的主体功能区（或子系统）会出现资金严重短缺。只有当资金使用效率较低的主体功能区（或子系统）提升资金使用效率，资金才会回流，这样在各主体功能区之间，主体功能区内部资金能自由流动，促进各主体功能区协调发展。但是各方政府出于自身短期利益的需要，干预资金流动，纵向转移支付网络主要是上下级政府之间的资金流动通道，是上级政府强力推动的，该渠道一般不会堵塞，比较容易堵塞的是资金横向流动的渠道。横向网络相对比较复杂，主要包括：地区之间的资金流动通道；政府之间的资金流动通道；地区内部经济子系统、社会子系统与生态子系统之间的流动通道；政府内部经济子系统、社会子系统及生态子系统之间与职能部门之间的资金流动通道。整个资金能自由流动需要纵向通道与横向通道都畅通，如果资金的横向通道没有打通，即使加强纵向转移支付的力度，其效果也是非常有限的。主体功能导向的横向转移支付的目标是保障资金横向自由流动，具体表现在两个方面：一方面，促进地区之间、平级地方政府之间以及其内部各子系统之间的资金流动畅通；另一方面，有序引导资金流向服务于主体功能的活动、部门与项目。

（四）以命运共同体差异分工为动力源

我国现行的横向转移支付是在共同上级政府的行政干预下，在下级政府之间强制实施的主要是借助外力推进，这是推动型横向转移支付，区域内部各政府的主观能动性不强，一旦外力消失，横向转移支付行为也就会停滞不前，如我国现行对口支援、对口援助都属于推动型横向转移支付。区域经济一体化意味着区域内各地区之间的分工与协作日渐加深[166]，主体功能区划分将进一步深化区域内各地区、各行政区的分工，彼此之间的依存度越来越高，各区域内各地区或各级政府之间形成一条权益纽带，要实现自身利益必须维护这条纽带，一旦纽带上任何一环节出现问题，整个纽带将会中断[167]，权益纽带上所有相关区域、主体的利益都会受损，这就是命运共同体，即命脉相连、兴衰相依、祸福与共的相互依赖体[168]。区域分工过程中也会产生横向转移支付的原动力，这种动力是区域内相关主体自发形成，出现横向转移支付也是自发的，是自发型横向转移支付。推动型横向转移支付与自发型横向转移支付的对比分析见表7-12。

表 7-12 推动型横向转移支付与自发型横向转移支付对比分析

类型	动力来源	特征	适应范围
推动型	转入方与转出方共同的上级政府行政干预	转出方参与横向转移支付是迫于行政压力，并不是出于自己与转入方是命运共同体，两者都缺乏主观能动性，缺乏持续发展的动力源，只能是暂时的	是横向转移支付的初级状态，一般在横向转移支付产生阶段采用
自发型	转移支付转入方与转出方的主观能动性	转入方与转出方都意识到彼此之间是相互依存的命运共同体，都会自发的参与横向转移支付，以降低命运共同体的运行风险，自发型横向转移支付能可持续、健康发展	是横向转移支付的高级状态，一般适应于横向转移支付成熟阶段采用

资料来源：本表根据本书内容整理制作。

为了使横向转移支付常态化，要逐步创造条件，引导推进型横向转移支付变迁为自发型转移支付，实现这一变迁的关键是培育、形成自发型横向转移支付的动力源。一个地区内部可以理解为一个命运共同体，多个地区也可以理解为一个命运共同体，各地区、各级政府的主体功能建设可以理解为是强化共同权益纽带上各环节的质量，防止共同权益纽带出现薄弱环节引起共同权益纽带断裂。只有各地区、各级政府充分意识到彼此之间为了共同的权益，维护共同的权益纽带，只是分工不同，才会刺激不同区域的政府和不同的地区主动参与横向转移支付，逐步广泛采用自发型横向转移支付模式。

（五）自发型横向转移支付路径

自发型横向转移支付路径分 5 个步骤完成：

1. 确定命运共同体

可以根据自然资源的整体性以及水环境、空气环境的流动影响，将相互依存度很高的主体功能区划分为一个命运共同体。在命运共同体中，任何主体功能区都不能独立于命运共同体之外；否则，该主体功能区的可持续发展将受到严重影响。这为横向转移支付培育了动力源。

2. 设计指标描述主体功能并计算地区主体功能值

自《全国主体功能区规划》发布以来，各地区以县为基本单元，都陆续出台了本地区的主体功能区规划，这是确定各地区主体功能的重要依据。因此，可以根据国家及各地区的主体功能区规划，明确各地区的主体功能。《全国主体功能区规划》中规定，优先开发区主要致力于技术创新、产业升级，重点开发区主要致力于工业规模化、城镇化，农产品主产区主要致力于保障、提升农产品供给能力，生态功能区与禁止开发区主要致力于保障、提升生态产品供给能力。各主体功能区可以在此基础上设计指标描述主体功能，具体描述指标可以参考各主体功能区生态预算动态绩效评价指标，因为各类主体功能区生态预算动态绩效评价指标是针对各主体功能区的主体功能设计的。地区主体功能值的计算思路也可以借鉴生态预算动态绩效值的计算思路，或者直接采用生态预算动态绩效值作为主体功能值。

3. 确定横向转移支付的转入地区与转出地区

确定横向转移支付的转入地区和转出地区的标准有主体功能值与主体功能区类型两个。一般优先开发区、重点开发区为转出地区，限制开发区、禁止开发区为转入地区。在此基础上计算主体功能值，当限制开发区、禁止开发区的主体功能值低于命运共同体中所有主体功能区的主体功能值的均值时，这些限制开发区、禁止开发区将列为横向转移支付中的转入区；当优先开发区、重点开发区的主体功能值高于命运共同体中所有主体功能区的主体功能值的均值时，这些优先开发区、重点开发区将列为横向转移支付中的转出区；当命运共同体中所有主体功能区的主体功能值相差不大时，可以不发生转移支付。转入地区与转出地区之间配对完全借助市场机制，遵循成本效益原则，配对过程呈现两个特点：①配对形式多样化。转入方与转出方之间可以是一对一、一对多、多对一、多对多。②配对动态化。转入方与转出方之间不是一配对成功就固定不变，而是经常动态调整，转入方、转出方经常有增有减。

4. 横向转移支付金额的计算

由于共同体内各主体功能区的主体功能值的均值是动态变化的，各主体功能区的主体功能值很难也没有必要与均值相同，横线转移支付只要将低主体功能值合理区域的主体功能值通过横向转移支付，使其回归到均值的合理区间内就可以了，主体功能值的均值及合理区间分布见图7-4。主体功能导向下的横向转移支付金额主要根据主体功能值来确定，一般转入方获得的资金介于最低金额与最高金额之间都是合理的。当某一区域主体功能区低于均值的最低值时，通过横向转移支付将其主体功能值提升至均值的合理区间，其所需横线转移支付的最少资金是使其主体功能值达到均值的最小值，所需最大资金是使其主体功能值达到均值的最大值。当某一主体功能区的主体功能值超过均值最大值，不一定视为转移支付的转出区，因为这些区域可以提升命运共同体的整体主体功能值。

图7-4 主体功能值的均值及合理区间分布

5. 划拨资金、监督资金使用

转出方及时将资金划拨给转入方，整个拨付资金严格按照事先经过充分论证的计划使用，转入方及时披露转入资金的使用进度、产生的效果，转出方对资金使用全程监督，资金使用结束由第三方对资金使用效率进行评估，并计算该区域的主体功能值，评估是否达到预期目标。

（六）主体功能导向下横向转移支付绩效评价机制

横向转移支付绩效评价是对横向转移支付过程与结果进行量化评价。一方面对横向支付绩效进行考评，另一方面进一步优化横向转移支付机制。

1. 过程绩效评价

过程绩效评价主要是评价过程目标的实现程度，即资金横向流动渠道的畅通度。横向转移支付环节包括：转入方客观需求横向转移支付资金的迹象、第三方对横向转移支付资金需求额、使用计划论证与评估、确定转出方、划拨资金和转入方按计划使用资金6个环节。为确保各环节有序完成，通过设计配套的横向转移支付制度，对各环节进行规范。因此，横向转移支付过程绩效评价涵盖转入方、转出方与支付过程，评价内容主要包括：导向是否明确、转入与转出地区是否能及时动态对接、转出金额是否合适、资金转出是否及时、转入资金分配是否合理等。

2. 结果绩效评价

结果绩效评价主要是评价结果目标实现程度，主体功能导向的横向转移支付的结果目标是为了提升共同权益链上薄弱环节的主体功能。在评价结果绩效中，围绕结果目标，主要评价横向转移支付对主体功能的影响，如是否提升了薄弱环节地区的主体功能、提升幅度有多大。因此，结果绩效评价内容主要包括：横向转移支付前后转入地区主体功能量化值的变化、地区主体功能量化值偏离地区权益链均值的程度等。横向转移支付绩效评价的维度与评价指标见表7-13。

表7-13 横向转移支付绩效评价的维度与评价指标

评价维度	评价指标	指标描述与说明
过程绩效	导向明确程度	评价明确横向转移支付是否以提升地区主体功能为基本导向
	横向转移支付机制健全度	评价是否有健全的利益协调机制、利益均衡机制与利益约束机制
	转入地区及转出地区对接效率	评价转入方在合理评估后，需求资金转入时，转出方能否及时产生
	转出金额适当程度	评价转出金额是否能满足转入方的基本需求
	资金转出的及时性	评价转出资金划拨是否及时
	转入资金分配的合理性	评价转入方资金使用是否合理
	横向流动渠道畅通度	评价资金横向流动的渠道是否畅通
结果绩效	主体功能量化值的变化率	横向转移支付前后地区主体功能量化值的差/横向转移支付前地区主体功能量化值
	主体功能量化值的偏离度	（地区主体功能量化值-区域权益链各环节的主体功能量化值的均值）/区域权益链各环节的主体功能量化值的均值

第八章 优先开发区生态预算绩效评价指标应用——以长江三角洲地区5市为例

第一节 长江三角洲地区简介

长江三角洲地区是我国经济发展最活跃、开放程度最高、创新能力最强的区域之一，在国家现代化建设大局和全方位开放格局中具有举足轻重的战略地位。推动长江三角洲一体化发展，增强长江三角洲地区的创新能力和竞争能力，提高经济集聚度、区域连接性和政策协同效率，对引领全国高质量发展、建设现代化经济体系意义重大。长江三角洲城市群以上海市为中心，位于长江入海之前的冲积平原，根据中共中央、国务院于2019年12月印发的《长江三角洲区域一体化发展规划纲要》，长江三角洲城市群包括上海，江苏省的南京、无锡、常州、苏州、南通、扬州、镇江、盐城、泰州，浙江省的杭州、宁波、温州、湖州、嘉兴、绍兴、金华、舟山、台州，安徽省的合肥、芜湖、马鞍山、铜陵、安庆、滁州、池州、宣城27个城市，国土面积约22.5万平方千米，辐射带动长江三角洲地区高质量发展。长江三角洲城市群是"一带一路"与长江经济带的重要交汇地带，在国家现代化建设大局和开放格局中具有举足轻重的战略地位，是中国参与国际竞争的重要平台、经济社会发展的重要引擎、长江经济带的引领者，是中国城镇化基础最好的地区之一。

长江三角洲地区被定位为优先开发区的城市较多，基于研究的物力与人力有限，本书从长江三角洲地区选择5个城市作为研究样本，包括上海、江苏省的南京与苏州、浙江省的杭州与宁波。南京与苏州分别代表江苏省的西部地区与东部地区，杭州、宁波分别代表浙江省的西部地区与东部地区，上海、南

京、杭州、苏州、宁波 5 市基本上能反映长江三角洲地区这一国家优先开发区的状况。

第二节 长江三角洲生态预算静态绩效评价

一、数据来源与指标计算过程

（一）数据来源说明

2019 年 1 月至 3 月采取问卷星、项目组成员个人电子邮箱与 2017 级国际商务专业 83 位学生的个人电子邮箱三种方式进行问卷调查，对上海、南京、苏州、杭州与宁波 5 市的居民与大学生进行随机问卷调查，调查对象为具有本科以上学历的大学生。为了使被调查对象容易理解问卷内容，先对流程绩效 3 级评价指标进行描述，采取 5 级量化打分法：“1”表示非常不满意、“2”表示不太满意、“3”表示一般满意、“4”表示满意、“5”表示非常满意。共发出 4 000 份问卷，每个市发出 800 份问卷，共回收问卷 3 459 份，回收率 86.48%。由于主要利用个人关系发出问卷，问卷回收率比较高，长江三角洲 5 市回收有效问卷分布统计见表 8-1。本次问卷调查覆盖了长江三角洲地区上海市的浦东新区、普陀区、宝山区、黄浦区、奉贤区、松江区、杨浦区、长宁区、虹口区、闵行区，南京市的六合区、玄武区、高淳区、浦口区、秦淮区、江宁区、溧水区、鼓楼区，苏州市的姑苏区、吴中区、相城区、吴江区、虎丘区，杭州市的西湖区、江干区、萧山区、余杭区、上城区、富阳区、桐庐县，宁波市的江北区、海曙区、鄞州区、北仑区。因此，问卷在一定程度上能代表长江三角洲地区 5 市居民对本地区生态预算流程绩效的真实评价。

表 8-1 长江三角洲 5 市回收有效问卷分布统计 单位：份

项目	上海	南京	苏州	杭州	宁波
回收问卷数量	702	681	689	692	695

资料来源：本表根据本书内容整理制作。

（二）预算流程绩效值的计算过程

首先，计算各评价指标的平均值（$\overline{Xi}$）。Xij 表示第 i 个指标的第 j 个被调查者给的值，求第 i 个指标的平均值 $\overline{Xi}$：

$$\overline{Xi} = \frac{1}{n} \sum_{j=1}^{n} Xij$$

其次，计算各指标值（Xi）。用各评价指标的平均值（$\overline{Xi}$）乘以指标权重（Pi），计算出各指标值 Xi 为：

$$Xi = \overline{Xi} \times Pi$$

再次，计算生态预算决策绩效值、执行绩效值、报告绩效值与合作绩效值以及预算流程绩效值 X。根据描述预算决策、执行、报告、合作绩效的指标，在此基础上计算各主体功能区生态预算决策绩效值、执行绩效值、报告绩效值与合作绩效值以及预算流程绩效值，各绩效值的计算公式 X 为：

$$X = \sum \overline{Xi} \quad (i = 1.2.3.4\cdots.)$$

最后，将生态预算决策绩效值、执行绩效值、报告绩效值与合作绩效值以及预算流程绩效值转换到［0~1］区间。由于各类绩效值不便于等级划分，所以用决策绩效值、执行绩效值、报告绩效值与合作绩效值以及预算流程绩效值分别除以该指标在整个指标体系中的满分（$5 \times P_X$），预算决策绩效、执行绩效、报告绩效、合作绩效与预算流程绩效的转换公式为：

$$X^* = \frac{X}{5 \times P_X}$$

其中 P_X 表示该指标的权重，转换后的绩效值 X^* 便于划分绩效等级。

二、长江三角洲地区 5 市静态绩效评价

（一）5 市生态预算流程绩效总概评价

长江三角洲地区 5 市生态预算流程绩效值统计，见表 8-2。

表 8-2　长江三角洲地区 5 市生态预算流程绩效值统计

绩效指标	5 市各环节的绩效值				
	上海	南京	苏州	杭州	宁波
1. 预算决策绩效	1.515 8	1.529 2	1.485 4	1.537 3	1.425 4
（1）顶层制度设计	0.769 2	0.751 8	0.748 1	0.782 0	0.728 0
·生态预算法规健全	0.523 8	0.514 6	0.503 6	0.532 9	0.478 0
·生态预算相关法规之间协调	0.245 4	0.237 2	0.244 5	0.249 1	0.250 0
（2）生态预算系统设计	0.746 6	0.777 5	0.737 3	0.755 3	0.697 5
·生态预算目标	0.406 0	0.423 8	0.406 0	0.414 9	0.380 9
·生态预算系统的前期论证	0.113 6	0.120 1	0.115 8	0.116 7	0.117 5

表8-2(续)

绩效指标	5市各环节的绩效值				
	上海	南京	苏州	杭州	宁波
· 预算系统结构完整性	0.226 9	0.233 5	0.215 5	0.223 7	0.199 1
2. 预算执行绩效	0.814 3	0.885 8	0.853 4	0.843 4	0.852 0
(1) 预算执行组织与管理制度	0.540 7	0.594 8	0.574 7	0.567 2	0.571 5
· 生态预算执行组织	0.279 9	0.291 6	0.296 9	0.284 1	0.275 7
· 生态预算执行相关管理制度	0.260 8	0.303 2	0.277 8	0.283 1	0.295 8
(2) 预算执行合规与合理	0.273 5	0.291 0	0.278 7	0.276 2	0.280 5
· 生态预算执行合规	0.136 8	0.153 2	0.137 3	0.138 4	0.147 4
· 生态预算执行进度	0.136 8	0.137 8	0.141 4	0.137 8	0.133 1
3. 预算报告绩效	0.442 1	0.454 7	0.446 7	0.461 0	0.438 2
(1) 预算报告形式	0.154 4	0.155 0	0.153 8	0.145 7	0.148 7
· 生态预算报告内容完整	0.102 0	0.099 7	0.102 7	0.096 7	0.100 8
· 生态预算报告及时	0.052 4	0.055 3	0.051 1	0.049 0	0.047 9
(2) 预算信息质量	0.287 7	0.299 7	0.292 9	0.315 3	0.289 6
· 生态预算信息真实	0.196 6	0.196 6	0.192 8	0.214 0	0.194 4
· 生态预算信息透明	0.091 1	0.103 1	0.100 1	0.101 2	0.095 2
4. 预算合作绩效	0.414 0	0.435 4	0.461 1	0.456 8	0.452 5
(1) 预算系统内部合作	0.199 3	0.225 0	0.242 9	0.227 5	0.231 0
· 决策、执行与报告之间合作	0.199 3	0.225 0	0.242 9	0.227 5	0.231 0
(2) 预算系统之间合作	0.214 7	0.210 4	0.218 1	0.229 3	0.221 6
· 不同主体功能区生态预算系统之间的合作	0.214 7	0.210 4	0.218 1	0.229 3	0.221 6
预算流程绩效（总绩效）	3.186 2	3.305 2	3.246 6	3.298 4	3.168 1

资料来源：本表根据本书内容整理制作。

从表8-2可知，5市生态预算流程绩效从高到低依次排序为南京、杭州、苏州、上海和宁波。南京的生态预算流程绩效比较高，主要源于执行绩效、报告绩效比较高。宁波的生态预算流程绩效比较低，主要因为决策绩效、报告绩效比较低。决策绩效对生态预算流程绩效产生了一定的影响。因为南京、杭州的决策绩效比较高，生态预算流程绩效也比较高；宁波的决策绩效比较低，流程绩效也比较低。决策绩效杭州比较好,宁波比较差;执行绩效南京比较高,上海比较低;报告绩效杭州比较高,宁波比较低;合作绩效苏州比较高,上海比较低。这说明宁波要提高决策绩效与报告绩效,上海要提高执行绩效与合作绩效。

(二) 5 市生态预算静态绩效的结构评价

从表 8-2 可以比较清楚地对 5 市的预算流程绩效结构进行评价。①上海生态预算流程绩效结构评价。上海生态预算流程绩效比较低是由于预算执行绩效、预算报告绩效与合作绩效都比较低。从上海的生态预算绩效结构可以看出深层次的原因,主要是预算执行组织与管理制度、预算执行合规与合理、预算信息质量以及决策、执行与报告之间合作 4 个方面存在重大不足。②南京生态预算流程绩效结构评价。南京的生态预算流程绩效比较高,但是同一主体功能区内部各环节、不同主体功能区之间的合作绩效都比较低。③苏州生态预算流程绩效结构评价。在苏州的生态预算流程绩效中,顶层制度设计、生态预算执行合规、生态预算信息真实等存在一些不足。④杭州生态预算流程绩效结构评价。杭州生态预算系统的前期论证、生态预算执行进度、生态预算报告完整性、生态预算报告及时等方面存在缺陷。⑤宁波生态预算流程绩效结构评价。宁波生态预算法规健全、预算目标、预算系统结构完整性、预算系统设计、生态预算执行组织、执行进度、预算信息报告及时等方面都还有很大的改进空间。

长江三角洲地区 5 市标准化后的生态预算静态绩效值统计,见表 8-3。从表 8-3 可知:5 市的生态预算流程绩效标准化值为 0.63~0.67,没有 1 市的生态预算流程绩效处于基本有效等级。5 市生态预算决策中顶层制度设计为 0.63~0.68,生态预算系统设计的绩效值为 0.61~0.69;生态预算执行中组织与管理制度标准化绩效值为 0.61~0.68,预算执行合规与合理性标准化绩效值为 0.62~0.67;生态预算报告形式的绩效值为 0.62~0.66,披露的预算信息质量的绩效值为 0.61~0.68;预算系统内部合作绩效为 0.56~0.69;不同主体功能区生态预算系统之间合作绩效为 0.60~0.66。可见生态预算流程各环节都处于基本有效等级,没有一个环节处于有效等级。

表 8-3　长江三角洲地区 5 市标准化后的生态预算静态绩效值统计

绩效指标	5 市标准化后的生态预算静态绩效值				
	上海	南京	苏州	杭州	宁波
1. 预算决策绩效	0.666 3	0.672 2	0.652 9	0.675 7	0.626 6
（1）顶层制度设计	0.674 7	0.659 4	0.656 2	0.685 9	0.638 6
·生态预算法规健全	0.689 2	0.677 1	0.662 7	0.701 2	0.628 9
·生态预算相关法规之间协调	0.645 8	0.624 1	0.643 4	0.655 4	0.657 8
（2）生态预算系统设计	0.657 8	0.685 0	0.649 6	0.665 4	0.614 5
·生态预算目标	0.660 2	0.689 2	0.660 2	0.674 7	0.619 3
·生态预算系统的前期论证	0.631 3	0.667 5	0.643 4	0.648 2	0.653 0
·预算系统结构完整性	0.667 5	0.686 7	0.633 7	0.657 8	0.585 5
2. 预算执行绩效	0.619 2	0.673 6	0.649 0	0.641 4	0.647 9
（1）预算执行组织与管理制度	0.614 5	0.675 9	0.653 0	0.644 6	0.649 4
·生态预算执行组织	0.636 1	0.662 7	0.674 7	0.645 8	0.626 5
·生态预算执行相关管理制度	0.592 8	0.689 2	0.631 3	0.643 4	0.672 3
（2）预算执行合规与合理	0.628 8	0.669 0	0.640 8	0.634 9	0.644 9
·生态预算执行合规	0.621 7	0.696 4	0.624 1	0.628 9	0.669 9
·生态预算执行进度	0.636 1	0.641 0	0.657 8	0.641 0	0.619 3
3. 预算报告绩效	0.627 1	0.645 0	0.633 6	0.653 8	0.621 6
（1）预算报告形式	0.657 0	0.659 8	0.654 4	0.620 0	0.632 6
·生态预算报告内容完整	0.657 8	0.643 4	0.662 7	0.624 1	0.650 6
·生态预算报告及时	0.655 4	0.691 6	0.638 6	0.612 0	0.597 6
（2）预算信息质量	0.612 2	0.637 6	0.623 2	0.670 8	0.616 1
·生态预算信息真实	0.624 1	0.624 1	0.612 0	0.679 5	0.616 9
·生态预算信息透明	0.588 0	0.665 0	0.645 8	0.653 0	0.614 5
4. 预算合作绩效	0.587 3	0.617 6	0.654 0	0.647 9	0.641 9
（1）预算系统内部合作	0.561 4	0.633 7	0.684 3	0.641 0	0.650 6
·决策、执行与报告之间合作	0.561 4	0.633 7	0.684 3	0.641 0	0.650 6
（2）预算系统之间合作	0.613 5	0.601 2	0.623 2	0.655 0	0.633 0

表8-3（续）

绩效指标	5市标准化后的生态预算静态绩效值				
	上海	南京	苏州	杭州	宁波
·不同主体功能区生态预算系统之间的合作	0.613 5	0.601 2	0.623 2	0.655 0	0.633 0
预算流程绩效（总绩效）	0.637 2	0.661 0	0.649 3	0.659 7	0.633 6

资料来源：本表根据本书内容整理制作。

（三）生态预算流程绩效与单一绩效的相关性评价

流程绩效与决策绩效、执行绩效、报告绩效、合作绩效的相关系数分别是0.745 3、0.584 1、0.946 8和0.267 5，说明合作绩效与流程绩效呈弱正相关，决策绩效、执行绩效、报告绩效与流程绩效呈强正相关，尤其是流程绩效与报告绩效之间显著正相关。值得长江三角洲地区5市深度思考的是：不管从理论角度还是从专家赋予的指标权重角度，都可以认为决策绩效对生态预算流程绩效的贡献度最大，但是评价结果表明生态预算决策对预算流程绩效影响不大，而专家赋予报告绩效的权重不大，但是生态预算报告环节对生态预算流程绩效影响很大。

第三节　长江三角洲地区生态预算动态绩效评价

一、数据来源与指标计算说明

（一）数据来源说明

本书主要选择长江三角洲地区上海、南京、苏州、杭州、宁波5市2008—2010年和2013—2015年这6年的数据作为研究样本，之所以选择这6年，是因为2008—2010年与2013—2015年分别是该市"十一五"期间、"十二五"期间的最后3年，在一定程度上最能反映该市"十一五"发展和"十二五"发展的结果。数据主要来源于5市2008—2010年的统计年鉴、5市2013—2015年的统计年鉴、5市2008—2010年的国民经济与社会发展公报、5市2013—2015年的国民经济与社会发展公报、5市国民经济与社会发展"十二五"规划、5市国民经济与社会发展"十三五"规划、5市环境保护"十三五"规划、5市2008—2010年的年度环境状态公报、5市2013—2015年的年度环境状态公报、江苏省环境保护和生态建设"十三五"规划、浙江省环境保护和生态建设"十三五"规划。个别数据无法直接获取，通过自行计算获取。由于各指标的度量单位不同，分析之前先对原始数据进行标准化处理，标准化处理公式如下：

$$正指标标准化 = （x_{max}-x）/（x_{max}-x_{min}）$$

$$负指标标准化 = （x-x_{min}）/（x_{max}-x_{min}）$$

经济绩效、社会绩效、生态绩效与综合绩效都是采用标准化值与对应指标权重的积求和所得。

（二）指标计算说明

1. 投入产出效率

投入产出效率指标在这不单独根据现有的投入产出效率指标计算公式计算投入产出，而是在设计具体评价指标时，已经考虑了自然资源、资金的投入产出关系。其计算的基本思路是先根据描述经济子系统、社会子系统与生态子系统的投入产出指标与指标对应的权重，计算加权平均值，描述经济子系统、社会子系统与生态子系统的投入产出效率，分别称为经济发展绩效、社会治理绩效与生态管理绩效，然后根据经济发展绩效、社会治理绩效及生态管理绩效与其对应的权重，计算加权平均值，描述主体功能区的投入产出效率。

2. 区域协调发展度（C）

区域协调发展度指标主要借鉴了汪波等[147]、石培基等[148]研究中采取的区域协调发展度指标计算思路，各主体功能区的协调发展度计算过程如下：

首先，计算区域协调度（C），其计算公式为：

$$C = 1-V$$

其中 V 为变异系数，变异系数＝标准差/三大子系统综合得分的平均值。一般区域协调度值越小，说明主体功能区经济子系统、社会子系统、生态子系统之间协调度越低；反之越高。

其次，计算区域协调发展度（D），其计算公式为：

$$D = \sqrt{C \times T}$$

其中 T 为主体功能区三大子系统的综合得分值与其对应的权重的乘积之和。

3. 居民幸福指数

居民幸福指数从居民满意度、居民幸福感两个方面采取 5 级量化打分法，通过问卷调查获取原始数据（同生态预算流程绩效评价的问卷调查），然后对数据进行标准化处理，在此基础上根据居民幸福指数的计算公式计算各市居民幸福指数，居民幸福指数计算公式为：

$$居民幸福感指数＝居民满意度×50\%+居民幸福感×50\%$$

二、投入产出绩效评价

（一）5市生态预算投入产出绩效评价

长江三角洲地区5市"十一五"期间和"十二五"期间的生态预算各子系统投入产出情况，见表8-4。从表8-4可知：①5市投入产出绩效整体评价。在"十一五"期间，长江三角洲地区5市的生态预算投入产出绩效排序依次是杭州、南京、宁波、上海和苏州；在"十二五"期间，长江三角洲地区5市的生态预算投入产出绩效排序依次是南京、杭州、上海、宁波和苏州。"十一五"期间，经济绩效较高的是杭州，较低的是苏州；社会绩效较高的是南京，较低的是上海；生态绩效较高的是宁波，较低的是苏州。"十二五"期间，经济绩效较高的是上海，较低的是苏州；社会绩效较高的是南京，较低的是上海；生态绩效较高的是南京，较低的是苏州。②上海生态预算投入产出绩效评价。上海"十一五"期间和"十二五"期间的生态预算投入产出绩效在长江三角洲地区一直居中，比较稳定，分析其经济绩效、社会绩效与生态绩效可知，经济绩效比较稳定、社会绩效有所上升、生态绩效略有下降。③南京生态预算投入产出绩效评价。南京"十一五"期间和"十二五"期间的生态预算投入产出绩效在长江三角洲地区也一直比较高，但是"十二五"期间的生态预算投入产出绩效值比"十一五"期间下降比较明显，分析其经济绩效、社会绩效与生态绩效可知，下降主要源于经济绩效、社会绩效下降比较明显，生态绩效反而有所上升。④苏州生态预算投入产出绩效评价。苏州"十一五"期间和"十二五"期间的生态预算投入产出绩效在长江三角洲地区一直较低，"十二五"期间的生态预算绩效值比"十一五"期间出现明显上升，分析其经济绩效、社会绩效与生态绩效可知，上升主要源于经济绩效、生态绩效上升明显，其社会绩效反而有所下降。⑤杭州生态预算投入产出绩效评价。杭州"十一五"期间的生态预算投入产出绩效在长江三角洲地区排在第一位，但是"十二五"的生态预算投入产出绩效值在"十一五"期间的基础上有明显的下降，在长江三角洲地区5市中排第二位，分析其经济绩效、社会绩效与生态绩效可知，下降主要源于经济绩效、社会绩效下降比较明显，生态绩效略有上升。⑥宁波生态预算投入产出绩效评价。宁波"十一五"期间和"十二五"期间的生态预算投入产出绩效在长江三角洲地区居于中下水平，"十二五"期间的生态预算投入产出绩效值在"十一五"期间的基础上有所下降，分析其经济绩效、社会绩效与生态绩效可知，下降主要源于经济绩效、生态绩效有所下降，生态绩效略有上升。

表 8-4　长江三角洲地区 5 市"十一五"期间和
"十二五"期间生态预算各子系统投入产出情况

长江三角洲地区5市	"十一五"期间				"十二五"期间			
	经济绩效	社会绩效	生态绩效	总投入产出	经济绩效	社会绩效	生态绩效	总投入产出
上海	0.303 9	0.094 8	0.100 3	0.499 0	0.307 8	0.112 5	0.076 3	0.496 6
南京	0.313 6	0.252 5	0.077 6	0.643 7	0.246 2	0.176 5	0.107 9	0.530 6
苏州	0.102 2	0.131 3	0.025 2	0.258 8	0.242 4	0.113 8	0.068 4	0.424 5
杭州	0.397 2	0.206 5	0.076 9	0.680 4	0.288 6	0.141 3	0.081 4	0.511 3
宁波	0.286 7	0.133 2	0.112 1	0.532 0	0.259 0	0.143 9	0.085 9	0.488 8

资料来源：本表根据本书内容整理制作。

（二）5 市预算投入产出绩效与恩格尔系数的关联分析

长江三角洲地区 5 市"十一五"期间和"十二五"期间的城镇居民恩格尔系数与生态预算投入产出绩效值整理，见表 8-5。从表 8-5 可知：①"十一五"期间城镇居民的恩格尔系数与生态预算投入产出绩效负相关。恩格尔系数越低，代表居民富裕程度越高。5 市的城镇居民财富富裕程度从高到低排序依次是上海、宁波、苏州、南京和杭州。综合考虑 5 市生态预算投入产出绩效，发现 5 市城镇居民的富裕程度排序与生态预算投入产出绩效值从高到低的排序相反。②"十二五"期间城镇居民恩格尔系数与生态预算投入产出绩效值的排序相关性不明显。南京城镇居民财富越多，其生态预算投入产出绩效越高；杭州城镇居民财富偏低，但其投入产出效率也比较高；相反，苏州城镇居民财富最多，但是投入产出效率最低。

表 8-5　长江三角洲地区 5 市"十一五"期间和
"十二五"期间的城镇居民恩格尔系数与生态预算投入产出绩效值整理

长江三角洲地区5市	"十一五"期间		"十二五"期间	
	恩格尔系数/%	投入产出	恩格尔系数/%	投入产出
上海	35.03	0.499 0	34.95	0.496 6
南京	39.24	0.643 7	33.94	0.530 6
苏州	38.57	0.258 8	33.84	0.424 5
杭州	40.18	0.680 4	36.47	0.511 3
宁波	37.97	0.532 0	34.75	0.488 8

资料来源：本表根据本书内容整理制作。

三、协调发展绩效评价

长江三角洲地区 5 市在"十一五"期间和"十二五"期间的协调发展度及其等级划分，见表 8-6 和表 8-7。从表 8-6 可知：①5 市协调发展度差异不大。"十一五"期间与"十二五"期间 5 市中，南京的协调发展度最高，说明南京在发展中比较重视经济、社会与生态的协调发展，而上海与苏州在"十一五"期间和"十二五"期间的协调发展度都不是很高，说明这两个城市在这方面重视不够。②5 市协调发展度的变化趋势评价。南京、苏州的协调发展度呈下降趋势，其中南京略有下降，苏州下降比较明显，其他 3 个城市的协调发展度呈上升趋势，上升近 5%。从表 8-7 可知：5 市的协调发展度等级不高。"十一五"期间、"十二五"期间南京、杭州、宁波协调发展度都处于基本协调，上海的协调发展度从较不协调提升为基本协调，苏州却从基本协调下降为较不协调。

表 8-6　长江三角洲地区 5 市协调发展度统计

长江三角洲地区 5 市	"十一五"期间	"十二五"期间
上海	0.437 7	0.455 1
南京	0.601 1	0.586 2
苏州	0.451 0	0.352 9
杭州	0.500 1	0.534 6
宁波	0.522 4	0.546 4

资料来源：本表根据本书内容整理制作。

表 8-7　长江三角洲地区 5 市协调发展度等级划分

值域		0~0.21	0.22~0.43	0.44~0.65	0.66~0.87	0.88~1
等级		极不协调	较不协调	基本协调	比较协调	非常协调
长江三角洲地区 5 市	"十一五"期间		上海	南京、苏州、杭州、宁波		
	"十二五"期间		苏州	上海、南京、杭州、宁波		

资料来源：本表根据本书内容整理制作。

四、居民幸福指数评价

长江三角洲地区5市居民幸福指数值，见表8-8。与赵峥（2012）研究的5市居民幸福指数以及其对5市居民幸福指数排序得到的结论基本相似，从表8-8可知：5市中，杭州城镇居民的幸福指数较高，上海居民的幸福指数较低。这说明杭州的居民对其区域经济产品、社会产品与生态产品的组合供给满意度是最高的，而上海居民对其区域经济产品、社会产品与生态产品的组合供给满意度最低。

表8-8　长江三角洲地区5市居民幸福指数值统计

长江三角洲 地区5市	上海	南京	苏州	杭州	宁波
居民幸福指数	0.654 2	0.663 9	0.654 1	0.694 0	0.656 6

资料来源：本表根据本书调查结果整理制作。

第四节　长江三角洲地区生态预算综合绩效评价

一、生态预算综合绩效计算

在地方政府绩效评价中应用平衡记分卡，如何确定平衡记分卡4个维度权重的研究成果不多。赵瑞美[169]在研究某保税区应用平衡记分卡时，确定平衡记分卡4个维度的权重分别是顾客满意度占20%、业绩成果占50%、内部管理占20%以及创新与学习占10%。韩国富川市是韩国构建平衡计分卡系统的标杆组织。富川市在评价指标权重分配时是这样做的，绩效指标占60%、共有指标占10%、市民满意度占25%、业务环境及贡献度占5%[21]，韩国富川市绩效是财务维度，共有指标是学习与成长，业务环境及贡献度是内部流程。我国《财政支出（项目支出）绩效评价操作指引（试行）》将财政支出绩效评价指标的权重分布为项目决策（10%~20%）、项目管理（15%~25%）、项目绩效（60%~70%）[170]。韩国富川市在平衡记分卡的应用积累了丰富的经验，但是预算绩效评价指标权重的设计是建立在其预算流程比较成熟的基础之上，而我国实施主体功能区生态预算还是处于探索阶段。因此，在我国财政支出绩效评价指标权重的基础上，考虑到生态预算流程还没有形成，构建生态预算流程显得十分重要，在确定项目绩效中投入产出、协调发展度与居民幸福指数的权重时，主要借鉴韩国的一些经验。在征求绩效评价专家的意见时，专家们也认为在生态预算流程构建与形成阶段，为了促进生态预算流程构建，该阶段流程绩效的权重可以稍微高一些，随着预算流程逐步完善，生态预算流程绩效的比重逐步降低，投入产出、协调发展度、居民幸福指数的权重逐步提高。长江三角洲地区 5 市生态预算仍然处于构建初期，将生态预算流程的比重适当提高，综合借鉴现有研究成果、考虑专家的建议之后，确定流程绩效占 40%，投入产出绩效占 30%，协调发展度占 10%，居民幸福指数占 20%，综合绩效计算公式为：

综合绩效 = 流程绩效×40% + 投入产出×30% + 协调发展度×10% + 居民幸福指数×20%

二、长江三角洲地区 5 市生态预算综合绩效评价

长江三角洲地区 5 市 2015 年的绩效排序，见表 8-9。从表 8-9 可知：①长江三角洲地区 5 市整体生态预算综合绩效不高。5 市生态预算综合绩效值在 0.55~0.62 波动，没有 1 个市的值达到 0.7，说明 5 市整体生态预算综合绩效不高。在 5 市中，南京市的生态预算综合绩效最高，略高于杭州市，苏州市的生态预算综合绩效偏低。②上海生态预算综合绩效评价。上海生态预算综合绩效偏低，主要源于生态预算流程绩效、协调发展度都偏低。因此，上海要规范生态预算流程，提升经济发展、社会治理与生态管理之间的协调发展。③南京生态预算综合绩效评价。南京生态预算综合绩效比较高，主要是生态预算流程绩效、投入产出、协调发展度都比较高，但是其居民幸福指数还有一定提升空间。因此，南京可以考虑在现有基础上进行整体提升。④苏州生态预算综合绩效评价。苏州生态预算综合绩效偏低，主要表现在投入产出效率、协调发展度比较低。因此，苏州的当务之急是要提升投入产出效率以及合理配置经济子系统、社会子系统与生态子系统之间的资源。⑤杭州生态预算综合绩效评价。杭州生态预算综合绩效偏高，主要源于流程绩效、投入产出、居民幸福感比较高，但是预算流程有一定的提升空间。⑥宁波生态预算综合绩效评价。宁波生态预算综合绩效偏低，主要是其投入产出、居民幸福感比较低。因此，宁波要加大力度提升投入产出效率与居民幸福感。

表 8-9　长江三角洲地区 5 市 2015 年绩效排序

长江三角洲地区 5 市	静态绩效	动态绩效			综合绩效	排序
	流程绩效	投入产出	协调发展度	居民幸福指数		
上海	0.637 2	0.496 6	0.455 1	0.654 2	0.580 2	4
南京	0.661 0	0.530 6	0.586 2	0.663 9	0.615 0	1
苏州	0.649 3	0.424 5	0.352 9	0.654 1	0.553 2	5
杭州	0.659 7	0.511 3	0.534 6	0.694 0	0.609 5	2
宁波	0.633 6	0.488 8	0.546 4	0.656 6	0.586 0	3
权重	40%	30%	10%	20%		

资料来源：本表根据本书内容整理制作。

第五节　长江三角洲地区 5 市生态预算配套措施评价

本书以长江三角洲地区 5 市 2016—2018 年自然资源环境方面的评价标准、生态预算审计、生态预算问责与评价结果等应用相关的制度、规划、公报、官方文件等文本为样本，评价长江三角洲地区 5 市生态预算配套措施。

一、生态预算绩效评价标准评价

5 市关于自然资源环境管理的评价标准相对比较多，定性标准与定量标准相结合，尤其比较重视定量标准的制定，这些定量评价标准分布在各市的国民经济五年发展规划、环境保护五年发展规划以及行业规划中，但是各市有些评价标准的制定口径不一致，在整个区域内不具有可比性。另外很多评价标准立足于本行政区确定，很少立足于主体功能区确定本行政区的评价标准。

二、生态预算审计评价

中国共产党第十八届三中全会提出开展领导干部实行自然资源资产离任审计，并于 2017 年 6 月由中央全面深化改革工作领导小组会议审议通过了《领导干部自然资源资产离任审计规定（试行）》。5 市积极开展领导干部自然资源资产离任审计，但是近五年基本没有由第三方对本地区的自然资源环境独立进行审计，只有当环境突发事件发生后，由各市环保部门牵头与其他部门联合实施生态审计，很少有专门的、常态化的自然资源环境管理绩效审计。

三、生态预算问责评价

当生态预算评价或审计完成时，5 市能及时启动生态问责机制。有部分县市采取联动问责，如某组织产生环境污染事件，其上下游组织、相关政府部门对组织采取一定的限制措施，以监督组织主动承担环境污染的修复义务。也有少部分县市能充分研究生态预算绩效评价与审计过程中发现的问题，积极改进、优化生态预算系统。

长江三角洲地区 5 市生态预算绩效评价的绩效评价标准、审计机制与问责机制等配套措施引起了各级政府的重视，但是尚处于摸索阶段，对生态预算绩效评价能提供一定的保障作用。

第六节　对长江三角洲地区生态预算的建议

一、改进生态预算流程

长江三角洲地区 5 市的生态预算流程改进主要集中在生态预算决策、执行、报告 3 个环节，各市改进的重心有所差异。上海生态预算流程改进的重心是生态预算执行、报告与合作 3 个方面，具体可以从预算执行组织与管理制度、预算执行合规与合理、披露的预算信息质量等方面入手；南京生态预算流程改进的重心在生态预算合作环节，具体要着力提升同一主体功能区内部各环节、不同主体功能区之间的合作绩效；苏州生态预算流程改进的重心是生态预算决策、执行、报告环节，主要从顶层制度设计、生态预算执行合规、生态预算信息真实等方面切入；杭州生态预算流程改进的重心是生态预算决策、执行、报告环节，重点要重视前期论证、生态预算执行进度、生态预算报告完整性、生态预算报告及时等方面；宁波生态预算流程改进的重心也是生态预算决策、执行、报告环节，主要从预算法规健全、预算目标、预算系统结构完整性、预算系统设计、生态预算执行组织、执行进度、预算信息报告及时等方面提升。南京可以强化生态预算合作，优化生态预算流程，从而成为长江三角洲地区生态预算的标杆城市，甚至是全国生态预算的标杆城市。

二、提升生态预算动态绩效

在"十一五"期间，长江三角洲地区 5 市的生态预算投入产出绩效由高到低排序依次是杭州、南京、宁波、上海、苏州；在"十二五"期间，长江三角洲地区5市的生态预算投入产出绩效由高到低排序依次是南京、杭州、上海、宁波、苏州。5市协调发展度差异不大，"十一五"期间与"十二五"期间，南京的协调发展度最高，上海与苏州在"十一五"期间与"十二五"期间的协调发展度都不是很高。

（一）上海要预防投入产出效率急剧下降

上海经济绩效比较稳定，社会绩效有所上升，生态绩效略有下降，投入产出效率略有下降，协调发展度略有上升。上海在调整生态预算时要预防出现投入产出效率急剧下降的可能。

（二）南京要及时抑制投入产出效率急剧下降

南京经济绩效、社会绩效下降比较明显，生态绩效反而有所上升，投入产出效率明显下降，协调发展度略有下降。南京通过调整生态预算要提高地区的投入产出效率，抑制投入产出效率急剧下降，与此同时适度提升地区协调发展度。

（三）苏州要提升地区协调发展度，抑制地区协调度下降

苏州经济绩效、生态绩效上升明显，其社会绩效反而有所下降，投入产出效率明显上升，协调发展度却明显下降。苏州要通过调整生态预算提升地区协调发展度，抑制地区协调度下降。

（四）杭州要提高地区的投入产出效率，抑制投入产出效率急剧下降

杭州经济绩效、社会绩效下降比较明显，生态绩效略有上升，投入产出效率明显下降，协调发展度略有上升。杭州要通过调整生态预算提高地区的投入产出效率，抑制投入产出效率急剧下降。

（五）宁波要提升地区投入产出效率

宁波经济绩效有所下降，生态绩效略有上升，投入产出效率下降，协调发展度略有上升。宁波要通过调整生态预算重点，提升地区投入产出效率。

第九章 重点开发区生态预算绩效评价指标应用——以广西壮族自治区北部湾经济区4市为例

第一节 广西壮族自治区北部湾经济区简介

广西壮族自治区北部湾经济区地处我国沿海西南端，由南宁、北海、钦州、防城港、玉林、崇左所辖行政区组成。陆地占地面积约4.25万平方千米，2006年年末总人口约1 255万人。广西壮族自治区北部湾经济区发展规划依据党的十七大精神和《中华人民共和国国民经济和社会发展第十一个五年规划纲要》、国家《西部大开发"十一五"规划》编制。国家批准实施《广西北部湾经济区发展规划》，规划期为2006—2020年。2008年1月16日，国家提出把广西壮族自治区北部湾经济区建设成为重要国际区域经济合作区，这是全国第一个国际区域经济合作区，目标是建成中国经济增长第四极。2008年1月16日，国家批准实施《广西北部湾经济区发展规划》，并强调：广西壮族自治区北部湾经济区是我国西部大开发和面向东盟开放合作的重点地区，对于国家实施区域发展总体战略和互利共赢的开放战略具有重要意义[171]。要把广西壮族自治区北部湾经济区建设成为中国—东盟开放合作的物流基地、商贸基地、加工制造基地和信息交流中心，成为带动、支撑西部大开发的战略高地和开放度高、辐射力强、经济繁荣、社会和谐、生态良好的重要国际区域经济合作区。2010年颁布的《全国主体功能区规划》中，国家层面重点开发区就有北部湾经济区，该区域位于全国"两横三纵"城市化战略格局沿海通道纵轴的南端[80]。从此广西壮族自治区北部湾经济区上升为国家层面的重点开发区，由于其西通云贵、东达粤港、北连中原、南接东盟，地处中国华南、西南与东盟三大经济圈的交叉区域，是我国西部大开发唯一的沿海区域，也是中国与东盟国家唯一海陆相连的区域[171]。广西壮族自治区北部湾经济区是我国西南民族地区典型的重点开发区，是我国面向东盟自由贸易区的具有代表性的重点开发区。虽然广西壮族自治区人民政府认为广西壮族自治区北部湾经济区由南宁、防城港、钦州、北海组成，延伸至玉林与崇左两市，但是《国家主体功能区规划》中单独将北部湾经济区列入国家重点开发区，并没有将玉林、崇左两市列入北部湾经济区，只属于北部湾经济区的辐射地带。从广西壮族自治区主体功能区规划可知：玉林、崇左两市绝大部分地区属于农业主产区。因此，本书没有将玉林、崇左两市纳入广西壮族自治区北部湾经济区作为重点开发区评价。剔除玉林、崇左两市的广西壮族自治区北部湾经济区属于国家层面的重点开发区，区域差异相对比较小，如果以县为单元进行评价，其数据获取难度比较大，因此以市为绩效评价的基本单元。

第二节　广西壮族自治区北部湾经济区 4 市生态预算静态绩效评价

一、数据来源与指标计算过程

（一）数据来源说明

对单一居民进行问卷调查，单一居民的情绪会影响问卷结果，从而导致问卷调查结果存在很大的缺陷。为了减少单一被调查对象的影响，本次问卷调查采取集中访谈式实地问卷调查。项目组组建 4 个小组，每个小组由项目组中的 1 位老师与 3~4 名学生组成，于 2016 年 10 月至 12 月对南宁、防城港、钦州、北海 4 市各区域的居民进行访谈，访谈对象要求具有专科以上学历，主要依托居委会与行业协会，每次访谈对象一般为 8~12 人。首先由我们项目组成员向访谈对象介绍问卷中每个指标的内容，其次由访谈对象对每一个评价指标打分，由 1 名访谈对象在此基础上填制 1 份问卷。为了使访谈对象容易理解问卷内容，先对流程绩效 3 级评价指标进行描述，采取 5 级量化打分法："1"表示非常不满意、"2"表示不太满意、"3"表示一般满意、"4"表示满意、"5"表示非常满意。共回收有效问卷 257 份，有效问卷分布情况统计见表 9-1。本次问卷调查覆盖了广西壮族自治区北部湾经济区 4 市的所有区域，被调查对象在对该问卷内容有一定了解的基础上，集体填写。因此，问卷基本能代表广西壮族自治区北部湾经济区 4 市居民对本地区生态预算流程绩效的真实评价。

表 9-1　广西壮族自治区北部湾 4 市回收有效问卷分布情况统计

项目	南宁	防城港	钦州	北海
回收问卷数量	87	58	54	58
问卷分布区域	7 个区 5 个县	2 个区 2 个县	2 个区 2 个县	3 个区 1 个县

资料来源：本表根据本书内容整理制作。

（二）预算流程绩效值的计算过程

流程绩效值的计算过程与长江三角洲地区的计算过程相同。首先，计算各评价指标的平均值（$\overline{Xi}$）；其次，计算各指标值（Xi）；再次，计算生态预算决策绩效值、执行绩效值、报告绩效值与合作绩效值以及预算流程绩效值 X；最后，将生态预算决策绩效值、执行绩效值、报告绩效值与合作绩效值以及预算流程绩效值转换到［0~1］区间。

二、广西壮族自治区北部湾经济区 4 市静态绩效评价

（一）4 市生态预算静态绩效总概评价

广西壮族自治区北部湾经济区 4 市生态预算静态绩效值统计，见表 9-2。从表 9-2 可知 4 市生态预算流程绩效从高到低的排序为：防城港、钦州、北海、南宁。防城港的生态预算流程绩效最高，主要源于执行绩效、报告绩效与合作绩效都比较高，但是其决策绩效是 4 市最低的。南宁的生态预算流程绩效最低，主要因为执行绩效、报告绩效最低。决策绩效对生态预算流程绩效并不一定起决定性影响。因此南宁决策绩效比较高，生态预算流程绩效最低。防城港决策绩效最低，流程绩效最高。决策绩效钦州最高，防城港最低。执行绩效防城港最高，南宁最低。报告绩效防城港最高，南宁最低。合作绩效防城港最高，北海最低。说明防城港要提高决策绩效，南宁要提高执行绩效与报告绩效，北海要提高合作绩效。

表 9-2　广西壮族自治区北部湾经济区 4 市生态预算静态绩效值统计

绩效指标	4 市生态预算静态绩效值			
	南宁	防城港	钦州	北海
1. 预算决策绩效	1.501 2	1.459 1	1.527 2	1.461 5
（1）顶层制度设计	0.754 6	0.747 3	0.750 5	0.722 4
·生态预算法规健全	0.504 9	0.494 0	0.506 7	0.490 3

表9-2(续)

绩效指标	4市生态预算静态绩效值			
	南宁	防城港	钦州	北海
·生态预算相关法规之间协调	0.249 7	0.253 3	0.243 8	0.232 1
(2)生态预算系统设计	0.746 6	0.711 8	0.776 7	0.739 1
·生态预算目标	0.417 3	0.358 8	0.410 0	0.406 0
·生态预算系统的前期论证	0.113 1	0.132 0	0.123 0	0.111 5
·预算系统结构完整性	0.216 1	0.221 0	0.243 7	0.221 5
2. 预算执行绩效	0.793 5	0.967 9	0.889 6	0.844 1
(1) 预算执行组织与管理制度	0.521 7	0.630 7	0.597 7	0.557 3
·生态预算执行组织	0.251 4	0.330 0	0.293 3	0.277 2
·生态预算执行相关管理制度	0.270 3	0.300 7	0.304 3	0.280 1
(2)预算执行合规与合理	0.271 8	0.337 3	0.292 0	0.286 8
·生态预算执行合规	0.132 0	0.176 0	0.154 0	0.147 1
·生态预算执行进度	0.139 8	0.161 3	0.138 0	0.139 6
3. 预算报告绩效	0.428 6	0.511 8	0.485 7	0.435 4
(1)预算报告形式	0.137 6	0.174 8	0.155 4	0.149 3
·生态预算报告内容完整	0.090 8	0.118 8	0.102 0	0.101 3
·生态预算报告及时	0.046 9	0.056 0	0.053 3	0.048 0
(2)预算信息质量	0.291 0	0.336 9	0.330 3	0.286 0
·生态预算信息真实	0.198 0	0.231 0	0.223 1	0.191 7
·生态预算信息透明	0.093 0	0.105 9	0.107 2	0.094 3
4. 预算合作绩效	0.456 4	0.502 9	0.482 2	0.448 1
(1)预算系统内部合作	0.228 2	0.248 5	0.239 6	0.223 7
·决策、执行与报告之间合作	0.228 2	0.248 5	0.239 6	0.223 7
(2)预算系统之间合作	0.228 2	0.254 4	0.242 6	0.224 5

表9-2(续)

绩效指标	4市生态预算静态绩效值			
	南宁	防城港	钦州	北海
·不同主体功能区生态预算系统之间的合作	0.228 2	0.254 4	0.242 6	0.224 5
预算流程绩效（总绩效）	3.179 7	3.441 7	3.384 7	3.189 1

资料来源：本表根据本书内容整理制作。

（二）4市生态预算静态绩效的结构评价

南宁、防城港、钦州、北海4市生态预算静态绩效值的结构分布见表9-2。从表9-2可以比较清楚地对4市的预算流程绩效结构进行评价。①南宁生态预算流程绩效结构评价。南宁生态预算流程绩效比较低是由于预算执行绩效与预算报告绩效都比较低，从南宁生态预算绩效结构可以看出深层次的原因主要是预算执行组织与管理制度、预算执行合规与合理、预算报告形式、预算信息质量这4个方面存在重大不足。②防城港生态预算流程绩效结构评价。防城港生态预算流程绩效比较低主要是决策绩效低引起的，进一步分析决策绩效的结构发现其顶层制度设计不太合理的同时，最主要的是生态预算系统设计存在重大缺陷。③钦州生态预算流程绩效结构评价。钦州生态预算流程绩效中预算报告绩效中报告形式存在重大不足，其他方面都有很大的提升空间。④北海预算决策绩效中的生态预算系统设计、预算合作绩效中，不管是预算系统内部合作还是预算系统之间的合作都存在重大缺陷。

广西壮族自治区北部湾经济区4市标准化后的生态预算静态绩效值统计，见9-3。根据主体功能区生态预算静态绩效评价标准中的生态预算初期静态绩效评价标准，结合表9-3可知：4市的生态预算流程绩效标准化值在0.63~0.69，没有1个市的生态预算流程绩效接近有效等级；4市生态预算决策中顶层制度设计处于0.63~0.67，生态预算系统设计的绩效值处于0.64~0.68，都属于基本有效等级；在南宁、钦州、北海的生态预算执行中，组织与管理制度标准化绩效值介于0.59~0.68，预算执行合规与合理性标准化绩效值介于0.62~0.68，防城港的两个值都处于基本有效等级；4市中，无论是报告形式的绩效值、披露的预算信息质量的绩效值也都属于基本有效等级；防城港的预算信息报告形式与预算信息质量绩效值、钦州的预算信息质量绩效值偏高一点；4市中，无论是报告形式的绩效值、披露的预算信息质量的绩效值也都属于基本有效等级。

表 9-3　广西壮族自治区北部湾经济区 4 市标准化后的生态预算静态绩效值统计

绩效指标	4 市标准化后的生态预算静态绩效值			
	南宁	防城港	钦州	北海
1. 预算决策绩效	0.659 9	0.641 4	0.671 3	0.642 4
（1）顶层制度设计	0.661 9	0.655 6	0.658 3	0.633 7
·生态预算法规健全	0.664 3	0.650 0	0.666 7	0.645 2
·生态预算相关法规之间协调	0.657 1	0.666 7	0.6417	0.610 8
（2）生态预算系统设计	0.657 8	0.627 1	0.684 3	0.651 2
·生态预算目标	0.678 6	0.583 3	0.666 7	0.660 2
·生态预算系统的前期论证	0.628 6	0.733 3	0.683 3	0.619 4
·预算系统结构完整性	0.635 7	0.650 0	0.716 7	0.651 6
2. 预算执行绩效	0.603 4	0.736 1	0.676 5	0.641 9
（1）预算执行组织与管理制度	0.592 9	0.716 7	0.679 2	0.633 3
·生态预算执行组织	0.571 4	0.750 0	0.666 7	0.630 1
·生态预算执行相关管理制度	0.614 3	0.6833	0.691 7	0.636 6
（2）预算执行合规与合理	0.624 7	0.775 3	0.671 2	0.659 3
·生态预算执行合规	0.600 0	0.800 0	0.700 0	0.668 8
·生态预算执行进度	0.650 0	0.750 0	0.641 7	0.649 5
3. 预算报告绩效	0.608 0	0.725 9	0.688 9	0.617 6
（1）预算报告形式	0.585 7	0.744 0	0.661 2	0.635 5
·生态预算报告内容完整	0.585 7	0.766 7	0.658 3	0.653 8
·生态预算报告及时	0.585 7	0.700 0	0.666 7	0.600 0
（2）预算信息质量	0.619 1	0.716 8	0.702 8	0.608 6
·生态预算信息真实	0.628 6	0.733 3	0.708 3	0.608 6
·生态预算信息透明	0.600 0	0.683 3	0.691 7	0.608 6
4. 预算合作绩效	0.647 4	0.713 4	0.684 0	0.635 7
（1）预算系统内部合作	0.642 9	0.700 0	0.675 0	0.630 1

表9-3（续）

绩效指标	4市标准化后的生态预算静态绩效值			
	南宁	防城港	钦州	北海
·决策、执行与报告之间合作	0.642 9	0.700 0	0.675 0	0.630 1
（2）预算系统之间合作	0.652 0	0.726 9	0.693 1	0.641 3
·不同主体功能区生态预算系统之间的合作	0.652 0	0.726 9	0.693 1	0.641 3
预算流程绩效（总绩效）	0.635 9	0.688 3	0.676 9	0.6378

资料来源：本表根据本书内容整理制作。

（三）生态预算流程绩效与单一绩效的相关性评价

决策绩效与流程绩效、执行绩效、报告绩效、合作绩效的相关系数分别是0.043 4、0.927 2、0.994 7、0.971 5，说明决策绩效与流程绩效呈弱正相关，执行绩效、报告绩效、合作绩效与流程绩效呈强正相关。值得广西壮族自治区北部湾经济区4市思考的是：不管是从理论角度，还是从专家赋予的指标权重角度，都可以认为决策绩效对生态预算流程绩效的贡献度最大，为什么广西壮族自治区北部湾经济区4市的决策绩效与流程绩效相关性不强，说明这4市的生态预算决策绩效对流程绩效影响不大，这在一定程度上也说明4市生态预算决策绩效存在重大漏洞，如何厘清生态预算决策机制对流程绩效的影响很大，对整个生态预算至关重要；否则，整个北部湾经济区4市生态预算系统都很难起作用。

第三节 广西壮族自治区北部湾经济区4市生态预算动态绩效评价

一、数据来源与指标计算说明

（一）数据来源说明

主要选择广西壮族自治区北部湾经济区南宁、防城港、钦州、北海4个地级市2010年与2015年两年的数据作为研究样本。之所以选择这两年，是因为2010年与2015年分别是"十一五"期间、"十二五"期间的最后一年，这两年的数据在一定程度上能代表这些市"十一五"发展、"十二五"发展的结果（后文用 2010 年代表"十一五"期间、用 2015 年代表"十二五"期间）。数据来源于 4 市 2010 年统计年鉴、4 市 2015 年统计年鉴、4 市 2010 年国民经济与社会发展公报、4 市 2015 年国民经济与社会发展公报、4 市国民经济与社会发展"十二五"规划、4 市国民经济与社会发展"十三五"规划、4 市环境保护"十三五"规划、珠江—江西经济带经济社会发展数据库、2010 年广西壮族自治区环境统计年鉴、2015 年广西壮族自治区环境统计年鉴、2010 年广西壮族自治区国土资源统计公告、2015 年广西壮族自治区国土资源统计公告、2010 年广西壮族自治区水资源公报、2015 年广西壮族自治区水资源公报、广西壮族自治区国土厅下达 2015 年度土地利用计划指标的通知、广西环境保护和生态建设"十三五"规划。个别数据无法直接获取，通过自行计算获取。由于各指标的度量单位不同，分析之前先对原始数据进行标准化处理，经济绩效、社会绩效、生态绩效与综合绩效都是采用标准化值与对应指标权重的积求和所得，数据标准化处理、评价指标的计算与优先开发区相同，具体计算过程不再重复。

（二）指标计算说明

投入产出效率、区域协调发展度、居民幸福指数等指标的计算过程与优先开发区的计算过程基本相同，在这不再重复说明。

二、投入产出绩效评价

广西壮族自治区北部湾经济区 4 市"十一五"期间、"十二五"期间的生态预算各子系统投入产出情况，见表 9-4。

表 9-4　广西壮族自治区北部经济区 4 市"十一五"期间、
"十二五"期间生态预算各子系统投入产出情况

北京部 经济区 4 市	"十一五"期间				"十二五"期间			
	经济 绩效	社会 绩效	生态 绩效	总投入 产出	经济 绩效	社会 绩效	生态 绩效	总投入 产出
南宁	0.307 0	0.185 4	0.170 4	0.662 8	0.217 0	0.135 6	0.173 3	0.525 9
防城港	0.403 3	0.086 9	0.142 4	0.632 6	0.433 1	0.085 2	0.132 8	0.651 1
钦州	0.089 5	0.084 3	0.099 6	0.273 3	0.119 2	0.060 6	0.092 8	0.272 6
北海	0.223 4	0.084 9	0.114 4	0.422 6	0.368 2	0.118 7	0.200 2	0.687 0

资料来源：本表根据本书内容整理制作。

（一）4 市生态预算投入产出绩效评价

分析表 9-4 中 4 市生态预算绩效值，可知：①4 市投入产出绩效整体评价。在"十一五"期间，北部湾经济区 4 市的生态预算投入产出绩效从高到低排序依次是南宁、防城港、北海、钦州；在"十二五"期间，北部湾经济区4市的生态预算投入产出绩效从高到低排序依次是北海、防城港、南宁、钦州。"十一五"期间，经济绩效较高的是防城港，较低的是钦州；社会绩效较高的是南宁，较低的是钦州；生态绩效较高的是南宁，较低的是钦州。"十二五"期间，经济绩效较高的是防城港，较低的是钦州；社会绩效较高的是南宁，较低的是钦州；生态绩效较高的是北海，较低的是钦州。②南宁生态预算投入产出绩效评价。南宁"十一五"期间、"十二五"期间的生态预算绩效在北部湾经济区一直比较高，但是"十二五"期间的生态预算绩效值比"十一五"期间下降约20%，分析其经济绩效、社会绩效与生态绩效可知，下降主要源于经济绩效与社会绩效下降，其生态绩效略有上升。③防城港生态预算投入产出绩效评价。防城港"十一五"期间、"十二五"期间的生态预算绩效在北部湾经济区一直也比较高、比较稳定，"十二五"期间的生态预算绩效值比"十一五"期间略有上升，分析其经济绩效、社会绩效与生态绩效可知，上升主要源于经济绩效上升，其社会绩效与生态绩效反而有所下降。④钦州生态预算投入产出绩效评价。钦州"十一五"期间、"十二五"期间的生态预算绩效在北部湾经济区一直较低，"十二五"期间的生态预算绩效值比"十一五"略有下降，分析其经济绩效、社会绩效与生态绩效可知，上升主要源于经济绩效上升，其社会绩效与生态绩效反而下降。⑤北海生态预算投入产出绩效评价。北海"十一五"期间的生态预算绩效在北部湾经济区排在第三位，但是"十二五"期间的生态预算绩效值在"十一五"期间的基础上有明显的上升，跃居广西壮族自治区北部湾经济区4市之首，分析其经济绩效、社会绩效与生态绩效可知，上升主要源于经济绩效、社会绩效与生态绩效都出现不同程度的上升，尤其是经济绩效与生态绩效升幅特别大。

（二）4市预算投入产出绩效与恩格尔系数的关联分析

恩格尔系数可以从客观角度来描述居民富裕程度，恩格尔系数越低代表居民富裕程度越高。居民富裕程度与其预算投入产出是否存在一定相关性？广西壮族自治区北部湾经济区4市"十一五"期间、"十二五"期间的城镇居民恩格尔系数与生态预算投入产出绩效值整理见表9-5。从表9-5可知：①"十一五"期间城镇居民的恩格尔系数与生态预算投入产出绩效呈强正相关。4市城镇居民的恩格尔系数从高到低排序依次是钦州、北海、防城港、南宁。"十一五"期间城镇居民恩格尔系数与投入产出绩效的相关系数为0.949 0，说明4市城镇居民的富裕程度排序是南宁、防城港、北海、钦州，与生态预算投入产出绩效值从高到低的排序相同。②"十二五"期间城镇居民恩格尔系数与生态预算投入产出绩效值的排序相关性不明显。"十二五"期间城镇居民恩格尔系数与投入产出绩效的相关系数为 0.516 9，南宁、防城港、钦州 3 市恩格尔系数与生态预算绩效值呈正相关，但是北海比较特殊，其"十二五"期间的生态预算投入产出绩效值最高，但是其恩格尔系数也比较高，值得思考的是，为什么北海"十二五"期间的生态预算投入产出绩效值比较高，城镇居民的幸福值反而降低了。

表 9-5　广西壮族自治区北部湾经济区 4 市"十一五"期间、
"十二五"期间的城镇居民恩格尔系数与生态预算投入产出绩效值整理

北部湾经济区4市	"十一五"期间		"十二五"期间	
	恩格尔系数/%	投入产出	恩格尔系数/%	投入产出
南宁	37.39	0.662 8	38.81	0.525 9
防城港	39.36	0.632 6	40.94	0.651 1
钦州	45.41	0.273 3	45.60	0.272 6
北海	45.12	0.422 6	43.23	0.687 0

资料来源：本表根据本书内容整理制作。

三、协调发展绩效评价

广西壮族自治区北部湾经济区 4 市"十一五"期间、"十二五"期间的协调发展度及其等级划分见表 9-6 和表 9-7。从表 9-6 可知：①4 市协调发展度差异不大。4 市在"十一五"期间与"十二五"期间，南宁的协调发展度最高，防城港的协调发展度最低，说明南宁在发展中比较重视经济、社会与生态的协调发展，而防城港在这方面重视不够。②4 市协调发展度的变化趋势评价。南宁、防城港与钦州的协调发展度呈降低趋势，其中防城港略有下降，南宁降低比较明显，而北海的协调发展度呈上升趋势，上升近 10%。为什么南宁、防城港、钦州 3 市的协调发展度都出现了不同程度的下降，是 3 市偏好于某方面的发展，还是 3 市在积极调整发展结构，协调发展度暂时没有表现出来，如果源于前者，值得 3 市当局思考。从表 9-7 可知：①4 市的协调发展度等级不高。2010 年南宁发展比较协调，防城港、钦州、北海3 市发展基本协调。2015 年 4 市都处于基本协调的发展等级，在"十一五"期间、"十二五"期间，广西壮族自治区北部湾经济区 4 市中没有非常协调的市，说明 4 市在协调发展方面还有很大的提升空间。②南宁协调发展度下降。经 5 年后南宁的协调发展度等级从比较协调下降为基本协调，出现反常，作为广西壮族自治区的首府很容易放大其负面效应，南宁要积极制定对策，抑制协调发展度下降的趋势。

表 9-6 广西壮族自治区北部湾经济区 4 市协调发展度统计

北部湾经济区 4 市	协调发展度统计	
	"十一五"期间	"十二五"期间
南宁	0.692 3	0.652 8
防城港	0.467 6	0.434 8
钦州	0.504 2	0.448 0
北海	0.493 9	0.612 8

资料来源：本表根据本书内容整理制作。

表 9-7 广西壮族自治区北部湾经济区 4 市协调发展度等级划分

值域		0~0.21	0.22~0.43	0.44~0.65	0.66~0.87	0.88~1
等级		极不协调	较不协调	基本协调	比较协调	非常协调
北部湾经济区 4 市	"十一五"期间			防城港、钦州、北海	南宁	
	"十二五"期间			南宁、防城港、钦州、北海		

资料来源：本表根据本书内容整理制作。

四、居民幸福指数评价

对广西壮族自治区北部湾经济区 4 市的居民进行问卷调查，对调查结果进行标准化处理后，按照幸福指数计算公式计算出 4 市居民幸福指数值，见表 9-8。从表 9-8 可知：4 市中，防城港城镇居民的幸福指数最高，北海城镇居民的幸福指数最低。这说明防城港的居民对其区域经济产品、社会产品与生态产品的组合供给满意度是最高的，而北海是最低的。

表 9-8 广西壮族自治区北部湾经济区 4 市居民幸福指数值统计

北部湾经济区 4 市	南宁	防城港	钦州	北海
幸福指数	0.717 9	0.835 6	0.741 7	0.703 2

资料来源：本表根据本书内容整理制作。

第四节　广西壮族自治区北部湾经济区 4 市生态预算综合绩效评价

一、生态预算综合绩效计算

生态预算综合绩效评价指标权重设计、生态预算综合绩效值计算公式与评价长江三角洲地区 5 市生态综合绩效的权重设计思路、计算公式相同，综合绩效计算公式为：

综合绩效＝流程绩效×40%＋投入产出×30%＋协调发展度×10%＋居民幸福指数×20%

二、广西壮族自治区北部湾经济区 4 市生态预算综合绩效评价情况

广西壮族自治区北部湾经济区 4 市 2015 年各绩效排序情况，见表 9-9。从表 9-9 可知：①广西壮族自治区北部湾经济区 4 市整体生态预算综合绩效不高。4 市生态预算综合绩效值在 0.5~0.7 波动，没有 1 个市的值达到 0.7，说明 4 市整体生态预算综合绩效不高。在 4 市中，防城港的生态预算综合绩效最高，略高于北海，钦州的生态预算综合绩效最低。②防城港生态预算综合绩效评价。防城港生态预算综合绩效最高，主要表现为生态预算流程绩效、投入产出、居民幸福指数都比较高，但是其协调发展度比较低。因此，防城港要加强提升其经济发展、社会治理与生态管理之间的协调发展。③北海生态预算综合绩效评价。北海综合绩效比较高，其生态预算流程绩效、投入产出、协调发展度与居民幸福指数都比较高。因此，北海可以考虑在现有基础上整体提升一个层次。④南宁生态预算综合绩效评价。南宁生态预算综合绩效不高，主要表现为投入产出效率比较低。因此，南宁当务之急是要提升投入产出效率。⑤钦州生态预算综合绩效评价。钦州生态预算综合绩效最低，其流程绩效、居民幸福感比较高，但是投入产出、协调发展度都比较低。因此，钦州在提升投入产出效率的同时，要重视经济发展、社会治理与生态管理之间的协调发展。

表 9-9　广西壮族自治区北部湾经济区 4 市 2015 年各绩效排序情况

北部湾经济区4市	静态绩效	动态绩效			综合绩效	排序
	流程绩效	投入产出	协调发展度	居民幸福指数		
南宁	0.635 9	0.525 9	0.652 8	0.717 9	0.621 0	3
防城港	0.688 3	0.651 1	0.434 8	0.835 6	0.681 3	1
钦州	0.676 9	0.272 6	0.448 0	0.741 7	0.545 7	4
北海	0.636 7	0.687 0	0.612 8	0.703 2	0.664 0	2
权重	40%	30%	10%	20%		

资料来源：本表根据本书内容整理制作。

居民幸福感是评价生态预算效果的一个重要指标，4 市居民幸福指数从高到低排序依次为：防城港、钦州、南宁、北海，说明防城港居民幸福指数最高，北海居民幸福指数最低。①居民幸福视角的生态预算静态绩效评价。4 市静态绩效从高到低排序依次是：防城港、钦州、南宁、北海，其中南宁、北海的静态绩效值相差不大，与 4 市居民幸福感指数从高到低的排序基本相同，说明居民幸福感与生态预算流程绩效之间相关性比较高。②居民幸福视角的协调发展度评价。幸福感指数从高到低排序与协调发展度从高到低排序相反，也就说明主体功能区协调发展度越高，居民幸福感指数不一定越高，反而越低，这是一个值得深思的问题。③居民幸福感视角的投入产出评价。居民幸福感与投入产出之间相关性不明显。

第五节　广西壮族自治区北部湾经济区生态预算配套措施评价

以广西壮族自治区北部湾经济区 4 市 2016—2018 年自然资源环境方面的评价标准、生态预算审计、生态预算问责与评价结果等应用相关的制度、规划、公报、官方文件等文本为样本，评价广西壮族自治区北部湾经济区 4 市生态预算配套措施。

一、生态预算绩效评价标准评价

《广西北部湾经济区"十二五"时期（2011—2015 年）国民经济和社会发展规划》中，明确定位北部湾经济区应凸显生态文明示范效应。到 2015 年，海陆生态环境质量保持优良，发展循环经济成效明显，节能减排降耗效果显著，基本形成节约资源和保护生态环境的产业结构、增长方式、消费模式，这些定性的发展目标也可以作为生态预算绩效评价的一些定性标准。定量标准主要有重点污染源工业废水废气排放达标率达95%，森林覆盖率达60%[172]。在4市的"十二五"发展规划和"十三五"发展规划中定量的发展目标可以作为生态预算绩效评价的参考标准，但是没有基于生态环境资源整体设计系统的指标将目标具体化与量化。

二、生态预算审计评价

4市积极贯彻《领导干部自然资源资产离任审计规定（试行）》，实施领导干部自然资源资产离任审计，但是近5年基本没有由第三方对广西壮族自治区北部湾经济区的自然资源环境进行独立审计，一般各市在环境突发事件发生后，由各市环保部门或牵头其他部门联合实施生态审计，很少有专门的、常态化的自然资源环境管理绩效审计。

三、生态预算问责评价

生态预算绩效评价结果与审计结果主要是用于本次环境突发事件的问责，只针对突发性环境污染事件中直接的责任主体问责，对环境突发事件的深层次矛盾与决策缺陷重视不够。也就是说，生态预算评价是为了问责而评价与审计，并没有针对评价与审计中发现的问题从管理制度层面予以优化，以杜绝类似的生态环境问题再次发生，且生态预算绩效评价结果与审计结果对下年度的生态预算资金分配影响不大。

广西壮族自治区北部湾经济区4市生态预算绩效评价的绩效评价标准、审计机制与问责机制等配套措施还是处于构建的萌芽时期，对生态预算绩效评价的推进很难提供保障。

第六节　对广西壮族自治区北部湾经济区生态预算的建议

一、改进生态预算流程

广西壮族自治区北部湾经济区4市生态预算流程整体水平不高，不管是决策绩效、执行绩效、报告绩效还是合作绩效都偏低，可见广西壮族自治区北部湾经济区生态预算流程各个环节都有很大的提升空间，必须多管齐下，才能提升整体生态预算流程的质量。4市近期生态预算改进的重心不同。

（一）南宁近期在生态预算改进的重心在执行、报告环节

南宁生态预算绩效低是由于执行绩效与报告绩效低，深层次的原因主要是预算执行组织与管理制度、预算执行合规与合理、预算报告形式、预算信息质量4个方面存在重大不足。南宁除了要制定生态预算具体执行制度、强化监督执行过程，还要规范生态预算报告环节，增强生态预算报告的真实性与透明度。

（二）防城港近期生态预算流程改进的重心在生态预算决策环节

防城港生态预算流程绩效低主要是因为生态预算决策绩效低，而生态预算决策绩效低是由于顶层制度设计不太合理、生态预算系统设计存在重大缺陷。因此，防城港当前关键是要结合我国有关主体功能区生态预算相关顶层制度设计，制定适合本市的具体生态预算制度，设计适合本市的生态预算系统。

（三）钦州近期生态预算改进的重心在决策、执行、报告环节

生态预算决策环节主要是顶层制度设计中的相关法律不协调，执行环节主要是执行合规合理中的执行进度，报告环节主要是预算报告形式中的报告内容完整性。

（四）北海近期生态预算改进的重心在决策、合作环节

北海预算决策中的生态预算系统设计以及预算合作绩效中不管是预算系统内部合作还是预算系统之间的合作都存在重大缺陷。北海也需要结合自身的环境状况设计生态预算系统，与此同时，要重视生态预算不仅是要与本区域内各相关主体协调合作，还要与其他区域合作，才能更好地发挥生态预算的作用。

二、提升生态预算动态绩效

提升各市的生态预算动态绩效，必须在本市经济、社会与生态协调发展这一前提下进行。

（一）南宁要基于整体视角调整本地区经济、社会与生态之间的结构

南宁虽然在4市中经济、社会与生态协调发展度最高，但是生态预算投入产出绩效与协调度都呈下降趋势，然而分析其经济绩效、社会绩效与生态绩效发展趋势发现，经济绩效与社会绩效下降，其生态绩效略有上升。虽然南宁为了保护生态环境而降低了经济发展，在社会治理中也注意其对生态自然资源环境的影响，但是其整体协调发展度并没有提高。南宁存在机械调整某一发展维度的可能性，缺乏从整体视角调整，从而没有达到提高整体协调度的目的。

（二）防城港要改变低协调度发展

"十二五"期间与"十一五"期间相比较，防城港的经济绩效上升，而社会绩效与生态绩效反而有所下降，说明防城港的协调发展度基本稳定。"十二五"期间的生态预算绩效值比"十一五"期间略有上升，说明防城港是在保证协调发展的前提下提高生态预算动态绩效，可以在此基础上继续进行微调，进一步提高区域协调发展度，以改变低协调发展的格局。

（三）钦州要改变经济发展优先的理念

钦州的协调发展度出现了下降，"十一五"期间和"十二五"期间的生态预算绩效在北部湾经济区一直较低，"十二五"期间的生态预算绩效值比"十一五"期间略有下降，但是经济绩效上升，社会绩效与生态绩效反而下降。钦州在区域不协调的基础上过分注重经济发展，缺乏协调发展理念。

（四）北海继续维持协调发展与动态绩效兼顾的态势

北海的协调发展度呈上升趋势，上升近10%，"十二五"期间的生态预算动态绩效值在"十一五"期间的基础上也有明显的上升，分析其经济绩效、社会绩效与生态绩效发展趋势可知，上升主要源于经济绩效、社会绩效与生态绩效都出现了不同程度的上升，尤其是经济绩效与生态绩效升幅特别大。北海在协调发展度与动态绩效两方面的提升比较明显，因为其经济、社会、生态3个维度充分发展的同时，区域协调发展度也从低协调逐步上升。

第十章　限制开发区生态预算绩效评价指标应用——以桂西资源富集区河池市 10 县为例

第一节　桂西资源富集区简介

一、桂西资源富集区基本概况

桂西资源富集区是指地处广西壮族自治区西部的河池、百色、崇左 3 市所辖的 30 个县（市、区），土地面积约 8.71 万平方千米，占全自治区总面积 37.8%，2010 年年末总人口 1 017 万人，占全自治区总人口 19.7%。桂西资源富集区是广西壮族自治区少数民族主要聚居地区，集革命老区、边疆地区、民族地区、连片特困地区、大石山区和水库库区于一体[173]，是国家西部大开发"十二五"规划明确支持建设的 8 个重点能源资源富集地区之一。《国务院关于进一步促进广西经济社会发展的若干意见》《西部大开发"十二五"规划》和《广西壮族自治区国民经济和社会发展第十二个五年规划纲要》中提出桂西资源富集区发展的总体要求、战略定位、目标任务和重大举措，是指导桂西资源富集区开发建设的行动纲领，规划期为 2011—2020 年。2015 年国家发展和改革委员会发布了《左右江革命老区振兴规划》，将桂西资源富集区纳入其规划之内，从而使桂西资源富集区上升为国家革命老区振兴战略的一部分。计划经过 10 年左右的时间，把桂西资源富集区建设成为生态环保、富裕和谐的绿色经济区，阶段性具体发展目标见表 10-1。在《全国主体功能区规划》中将其划为限制开发区，《广西壮族自治区主体功能区规划》在此基础上，以县为基本单位，进一步划分为重点开发区、农产品主产区、生态功能区 3 类[173]，可以说桂西资源富集区是我国西南地区典型的限制开发。

表 10-1 桂西资源富集区阶段性发展目标

指标名称	2020 年发展目标
总人口/万人	1 100
地区生产总值/亿元	5 650
人均生产总值/元	51 400
工业增加值占 GDP 比重/%	45.0
研发投入占地区生产总值的比重/%	2.3
城镇化率/%	50 以上
单位地区生产总值能耗累计降低/%	完成自治区下达的控制目标
单位地区生产总值二氧化碳累计降低/%	
二氧化硫排放量降低/%	
化学需氧量排放量降低/%	
工业固体废弃物综合利用率/%	85
森林覆盖率/%	65
九年义务教育巩固率/%	98
城镇居民人均可支配收入/元	41 890
农村居民人均纯收入/元	10 740

资料来源：本表指标与数据主要来源《桂西资源富集区发展规划》。

二、桂西资源富集区划分

根据《广西壮族自治区主体功能区规划》与《桂西资源富集区发展规划》，桂西资源富集区以县（市）为基本单元，划分为重点开发区、农产品主产区、重点生态功能区，各县（市）归属的主体功能区类型划分见表 10-2，其中重点开发区 6 个、农业主产区 9 个、重点生态功能区 15 个。6 个重点开发区均属于广西壮族自治区层面，因此，桂西资源富集区属于典型的限制开发区。

表 10-2　桂西资源富集区各地区主体功能区类型划分

地级市	重点开发区	农业主产区	重点生态功能区
河池市	金城江区	宜州区①、南丹县	天峨县、凤山县、东兰县、巴马瑶族自治县（下简称"巴马县"）、都安瑶族自治县（下简称"都安县"）、大化瑶族自治县（下简称"大化县"）、罗城仫佬族自治县（下简称"罗城县"）、环江毛南族自治县（下简称"环江县"）
百色市	右江区、田阳县、平果县	田东县、田林县、隆林县	凌云县、乐业县、德保县、靖西市、那坡县、西林县
崇左市	江州区、凭祥市	扶绥县、大新县、宁明县、龙州县	天等县

第二节　河池市 10 县生态预算静态绩效评价

一、数据来源与指标计算过程

（一）数据来源说明

以主体功能区生态预算流程绩效评价指标体系为蓝本，设计调查问卷，对每个 3 级评价指标进行通俗的描述形成问卷的问题，采取 5 级打分法要求被调查对象打分："1"表示非常不满意，"2"表示不太满意，"3"表示一般满意，"4"表示满意，"5"表示非常满意。2017 年 2 月至 2017 年 4 月项目组 4 名成员带领梧州学院 36 名学生对河池市 10 县各个乡镇进行实地问卷调查，具体采取访谈的方式，每次访谈对象为 4~6 人，访谈对象有两个基本要求：①访谈对象是具有大专以上学历的居民，因为问卷调查的内容比较专业，需要一定的知识才能理解问卷内容；②访谈对象必须覆盖各镇（乡），尽可能覆盖各个村，使问卷调查结果具有很强的代表性。本次共发出问卷 1 000 份，每个县发放 100 份问卷，由于采取访谈的方式填写问卷，有效问卷回收率比较高，共回

---

① 宜州区，原宜山县，1993 年变更为宜州市，2016 年经国务院同意撤销后设立河池市宜州区。因部分研究数据所在时间段涉及原"宜山县"和后来的"宜州市"，故这里将"宜州区"纳入河池市 10 县，将不再单独说明。

收问卷 1 000 份，各县分别是 100 份。河池市 10 县回收问卷具体分布情况统计，见表10-3。

表 10-3　河池市 10 县回收问卷具体分布情况统计

河池市 10 县	宜州	南丹	天峨	凤山	东兰	巴马	都安	大化	罗城	环江
回收问卷数量 /份	100	100	100	100	100	100	100	100	100	100
问卷分布情况	9 个镇 9 个乡	8 个镇 3 个乡	2 个镇 7 个乡	1 个镇 8 个乡	5 个镇 9 个乡	1 个镇 9 个乡	9 个镇 10 个乡	3 个镇 13 个乡	7 个镇 4 个乡	6 个镇 6 个乡

资料来源：本表根据本书内容整理制作。

（二）预算流程绩效值的计算过程

河池市 10 县生态预算流程绩效、预算决策绩效、执行绩效、报告绩效、合作绩效的计算、绩效值转换到区间 ［0，1］ 的过程与广西壮族自治区北部湾经济区 4 市对应指标的计算过程相同，具体计算过程在此不再重复。

二、河池市 10 县静态绩效评价

（一）10 县生态预算静态绩效总概评价

河池市 10 县生态预算静态绩效值统计，见表10-4。从表10-4 可知：①单一环节绩效评价。决策绩效排前三名的是罗城、巴马、都安，排后三名的是大化、环江、凤山；执行绩效排前三名的是罗城、巴马、都安，排后三名的是南丹、大化、环江；报告绩效排前三名的是罗城、巴马、天峨，排后三名的是凤山、南丹、环江；合作绩效排前三名的是都安、巴马、罗城，排后三名的是凤山、东兰、南丹。这说明罗城、巴马、都安各环节的绩效都比较高，而凤山、环江、南丹各环节的绩效都比较低。②预算流程绩效评价。生态预算流程综合绩效波动不大。10 县的生态预算流程绩效值介于 3.0 与 3.5 之间，其中流程绩效排在前三名的依次是罗城、巴马、都安 3 县，排在后三名的依次是凤山、大化、环江 3 县，说明在生态预算的初期，罗城、巴马、都安 3 县比较重视生态预算流程，并取得了一定的成绩，罗城、巴马、都安 3 县在生态预算流程设计、执行过程中可以借鉴。10 县生态预算流程绩效主要受益于决策绩效，其中生态预算决策绩效、执行绩效排在前三名的都是罗城、巴马、都安，报告绩效排在前三名的是罗城、巴马、天峨，合作绩效排在前三名的是都安、罗城、巴马。罗城县流程绩效值高主要由于决策绩效、执行绩效、报告绩效、合作绩效这 4 个维度都比较高，从而使得总体流程绩效比较高。

表 10-4　河池市 10 县生态预算静态绩效值统计

绩效指标	河池市 10 县生态预算静态绩效值									
	宜州	南丹	天峨	凤山	东兰	巴马	都安	大化	罗城	环江
B1	1.462 8	1.474 2	1.512 2	1.403 0	1.499 8	1.588 4	1.518 3	1.353 5	1.617 5	1.402 0
C1	0.737 1	0.729 6	0.748 1	0.722 0	0.760 0	0.805 6	0.750 1	0.653 6	0.823 3	0.684 0
D1	0.495 6	0.486 4	0.503 5	0.506 7	0.514 5	0.547 2	0.495 7	0.440 8	0.578 4	0.452 1
D2	0.241 5	0.243 2	0.244 6	0.215 3	0.245 5	0.258 4	0.254 4	0.212 8	0.244 9	0.231 9
C2	0.725 7	0.744 6	0.764 1	0.681 0	0.739 8	0.782 8	0.768 2	0.699 9	0.794 1	0.718 0
D3	0.396 0	0.418 2	0.422 8	0.369 0	0.406 8	0.442 8	0.422 5	0.356 7	0.433 9	0.387 9
D4	0.117 4	0.122 4	0.118 1	0.108 0	0.108 0	0.122 4	0.129 9	0.118 8	0.126 0	0.119 1
D5	0.212 4	0.204 0	0.223 1	0.204 0	0.224 9	0.217 6	0.215 8	0.224 4	0.234 2	0.211 0
B2	0.861 7	0.780 4	0.866 9	0.840 3	0.867 0	0.894 2	0.876 7	0.797 8	0.903 5	0.824 9
C3	0.579 8	0.528 0	0.577 5	0.557 3	0.602 5	0.616 0	0.577 7	0.528 0	0.613 6	0.541 5
D6	0.295 3	0.246 4	0.288 8	0.278 7	0.304 6	0.316 8	0.290 8	0.255 2	0.281 1	0.279 8
D7	0.284 5	0.281 6	0.288 8	0.278 7	0.297 8	0.299 2	0.287 0	0.272 8	0.332 4	0.261 7
C4	0.281 9	0.252 4	0.289 4	0.283 0	0.264 5	0.278 2	0.299 0	0.269 8	0.289 9	0.283 4
D8	0.142 8	0.132 0	0.141 6	0.154 0	0.142 2	0.132 0	0.158 8	0.140 8	0.143 0	0.145 5
D9	0.139 0	0.120 4	0.147 8	0.129 0	0.122 4	0.146 2	0.140 2	0.129 0	0.146 9	0.137 8
B3	0.454 8	0.422 8	0.468 9	0.412 5	0.456 8	0.479 2	0.467 9	0.454 3	0.510 3	0.426 2
C5	0.151 3	0.153 4	0.157 5	0.141 0	0.153 0	0.165 8	0.170 9	0.150 3	0.173 5	0.146 6
D10	0.100 6	0.105 4	0.107 5	0.093 0	0.102 5	0.117 8	0.114 6	0.102 3	0.119 7	0.097 0
D11	0.050 6	0.048 0	0.050 0	0.048 0	0.050 5	0.048 0	0.056 3	0.048 0	0.053 8	0.049 6
C6	0.303 5	0.269 4	0.311 4	0.271 5	0.303 8	0.313 4	0.297 0	0.304 0	0.336 8	0.279 6
D12	0.204 5	0.176 4	0.208 7	0.178 5	0.208 4	0.214 2	0.197 2	0.207 9	0.225 8	0.187 4
D13	0.098 9	0.093 0	0.102 7	0.093 0	0.095 4	0.099 2	0.099 7	0.096 1	0.111 1	0.092 1
B4	0.468 8	0.426 0	0.463 7	0.390 5	0.420 5	0.482 8	0.515 5	0.454 4	0.469 4	0.440 6
C7	0.227 6	0.213 0	0.226 3	0.189 3	0.191 2	0.269 8	0.243 8	0.220 1	0.222 9	0.223 9
D14	0.227 6	0.213 0	0.226 3	0.189 3	0.191 2	0.269 8	0.243 9	0.220 1	0.222 9	0.223 9
C8	0.241 2	0.213 0	0.237 4	0.201 2	0.229 4	0.213 0	0.271 7	0.234 3	0.246 5	0.216 7
D15	0.241 2	0.213 0	0.237 4	0.201 2	0.229 4	0.213 0	0.271 7	0.234 3	0.246 5	0.216 7
A	3.248 1	3.103 4	3.311 8	3.046 3	3.244 1	3.444 6	3.378 4	3.060 0	3.500 6	3.093 6

资料来源：本表根据本书内容整理制作。

（二）10 县生态预算静态绩效结构评价

从表 10-4 可知：在 10 县中罗城县生态预算流程绩效最高，除了生态预算系统内部合作程度偏低，其他各方面都做得比较好；巴马县生态预算流程绩效比较高，生态预算各环节都做得比较好；都安县生态预算流程绩效比较高，尤其是在生态预算系统内部合作、生态预算系统之间合作方面都做得比较好。凤山县生态预算静态绩效比较低，主要和决策中生态预算系统设计、生态预算信息报告形式与报告质量、预算系统内部与外部合作程度都比较低有关；大化县生态预算静态绩效比较低，主要和生态预算决策中顶层制度设计、生态预算系统设计、预算执行组织与管理制度、预算执行合规与合理等有关；环江县生态预算静态绩效比较低，主要和生态预算决策中顶层制度设计、预算执行组织与管理制度、预算信息报告形式与报告质量、预算系统合作程度等方面绩效不高有关。

　　河池市10县标准化后的生态预算静态绩效值，见表10-5。从表10-5可知：河池市10县标准化后的生态预算流程绩效值，除了罗城县是0.700 1，其余9县都处于0.61~0.69，属于基本有效等级。10县生态预算决策绩效中顶层制度设计除了罗城县、巴马县趋近有效等级，大化县趋近于无效等级，其余6县标准化后顶层制度设计绩效值为0.60~0.67，都属于基本有效等级，生态预算系统设计绩效都处于0.60~0.70，也都属于基本有效等级；10县标准化后执行绩效中，预算组织与管理制度绩效10县都介于0.60~0.70，预算执行合规与合理性标准化后的绩效值除了南丹县低于0.60，其余9县介于0.60~0.70，都属于基本有效等级；10县生态预算报告绩效中，罗城县、都安县、巴马县的报告形式绩效趋近于有效等级，其余7县标准化后的报告形式绩效值介于0.60~0.68，都属于基本有效等级，标准化后的预算信息质量绩效值除了罗城县趋近于有效等级以及凤山县、南丹县、环江县趋近于无效等级外，其余6县介于0.63~0.67，都属于基本有效等级；10县标准化后生态预算合作绩效中预算系统内部合作绩效，除了巴马县趋近有效等级，凤山县、东兰县趋近于无效等级，其余7县绩效值介于0.60~0.69，预算系统之间的合作绩效，除了都安县、罗城县趋近于有效等级，凤山县趋近于无效等级，其余7县介于0.60~0.69，都属于基本有效等级。

表10-5　河池市10县标准化后生态预算静态绩效值统计

绩效指标	河池市10县标准化后的生态预算静态绩效值									
	宜州	南丹	天峨	凤山	东兰	巴马	都安	大化	罗城	环江
B1	0.643 0	0.648 0	0.664 7	0.616 7	0.659 2	0.698 2	0.667 4	0.594 9	0.711 0	0.616 3
C1	0.646 6	0.640 0	0.656 3	0.633 3	0.666 7	0.706 7	0.658 0	0.573 3	0.722 2	0.600 0
D1	0.652 1	0.640 0	0.662 5	0.666 7	0.676 9	0.720 0	0.652 2	0.580 0	0.761 1	0.594 9
D2	0.635 6	0.640 0	0.643 8	0.566 7	0.646 2	0.680 0	0.669 6	0.560 0	0.644 4	0.610 3
C2	0.639 4	0.656 0	0.673 2	0.600 0	0.651 8	0.689 7	0.676 8	0.616 7	0.699 7	0.632 6
D3	0.643 8	0.680 0	0.687 5	0.600 0	0.661 5	0.720 0	0.687 0	0.580 0	0.705 6	0.630 8

表10-5(续)

绩效指标	河池市10县标准化后的生态预算静态绩效值									
	宜州	南丹	天峨	凤山	东兰	巴马	都安	大化	罗城	环江
D4	0.652 1	0.680 0	0.656 3	0.600 0	0.600 0	0.680 0	0.721 7	0.660 0	0.700 0	0.661 5
D5	0.624 7	0.600 0	0.656 3	0.600 0	0.661 5	0.640 0	0.634 8	0.660 0	0.688 9	0.620 5
B2	0.655 3	0.593 5	0.659 3	0.639 0	0.659 3	0.680 0	0.666 7	0.606 7	0.687 1	0.627 3
C3	0.658 9	0.600 0	0.656 3	0.633 3	0.684 6	0.700 0	0.656 5	0.600 0	0.697 2	0.615 4
D6	0.671 2	0.560 0	0.656 3	0.633 3	0.692 3	0.720 0	0.660 9	0.580 0	0.638 9	0.635 9
D7	0.646 6	0.640 0	0.656 3	0.633 3	0.676 9	0.680 0	0.652 2	0.620 0	0.755 6	0.594 9
C4	0.648 0	0.580 2	0.665 4	0.650 6	0.608 1	0.639 5	0.687 4	0.620 2	0.666 5	0.651 4
D8	0.649 3	0.600 0	0.643 8	0.700 0	0.646 2	0.600 0	0.721 7	0.640 0	0.650 0	0.661 5
D9	0.646 6	0.560 0	0.687 5	0.600 0	0.569 2	0.680 0	0.652 2	0.600 0	0.683 3	0.641 0
B3	0.645 0	0.599 7	0.665 1	0.585 1	0.647 9	0.679 7	0.663 6	0.644 4	0.723 5	0.604 5
C5	0.643 7	0.652 8	0.670 3	0.600 0	0.651 1	0.705 5	0.727 3	0.639 6	0.738 2	0.623 9
D10	0.649 3	0.680 0	0.693 8	0.600 0	0.661 5	0.760 0	0.739 1	0.660 0	0.772 2	0.625 6
D11	0.632 9	0.600 0	0.625 0	0.600 0	0.630 8	0.600 0	0.704 3	0.600 0	0.672 2	0.620 5
C6	0.645 7	0.573 2	0.662 5	0.577 7	0.646 3	0.666 8	0.631 8	0.646 8	0.716 7	0.594 9
D12	0.649 3	0.560 0	0.662 5	0.566 7	0.661 5	0.680 0	0.626 1	0.660 0	0.716 7	0.594 9
D13	0.638 4	0.600 0	0.662 5	0.600 0	0.615 4	0.640 0	0.643 5	0.620 0	0.716 7	0.594 9
B4	0.665 0	0.604 3	0.657 8	0.553 9	0.596 5	0.684 8	0.731 2	0.644 5	0.665 8	0.624 9
C7	0.641 1	0.600 0	0.637 5	0.533 3	0.538 5	0.760 0	0.687 0	0.620 0	0.627 8	0.630 8
D14	0.641 1	0.600 0	0.637 5	0.533 3	0.538 5	0.760 0	0.687 0	0.620 0	0.627 8	0.630 8
C8	0.689 2	0.608 6	0.678 3	0.574 8	0.655 4	0.608 6	0.776 1	0.669 4	0.704 4	0.619 0
D15	0.689 2	0.608 6	0.678 3	0.574 8	0.655 4	0.608 6	0.776 1	0.669 4	0.704 4	0.619 0
A	0.649 6	0.620 7	0.662 4	0.609 3	0.648 8	0.688 9	0.675 7	0.612 0	0.700 1	0.618 7

资料来源：本表根据本书内容整理制作。

（三）单一环节绩效与流程绩效的相关性分析

10县流程绩效与决策绩效、执行绩效、报告绩效、合作绩效的相系数分别是0.939 3、0.881 5、0.903 4、0.708 0，说明决策绩效、执行绩效、报告绩效、合作绩效与流程绩效都呈正相关，但是合作绩效与流程绩效的相关性不是很明显。是决策、执行、报告各环节合作程度高，对生态预算流程影响反而不大，还是10县对各环节的合作重视度不够？这是10县值得思考的一个现实问题。另外，执行绩效与流程绩效的相关系数也只有0.881 5，还有很大的提升空间，要考虑是执行机制自身存在缺陷，还是执行过程存在不足。

第三节 河池市 10 县生态预算动态绩效评价

一、修正后的动态绩效评价指标

在限制开发区生态预算动态绩效评价指标的基础上，结合河池市的特点与各县的相关指标数据可获取性，对限制开发区生态预算动态绩效评价指标体系中少部分指标予以修正，形成修正后的限制开发区生态预算动态绩效评价指标，见表 10-6。

表 10-6 修正后的限制开发区生态预算动态绩效评价指标

维度	一级指标	二级指标	指标描述	指标属性
经济发展绩效（B1）	自然资源消耗（C1）	单位农业总产值耗水量/立方米/元（D1）	农业消耗水资源	负
		万元农业总产值占用农作物播种面积/公顷/万元（D2）	农业土地利用	负
		万元农业产值消耗机械总动力/千瓦时/万元（D3）	农业能源消耗	负
		万元农业总产值农业从业人员/人/万元（D4）	农业从业人员	负
		万元农业总产值化肥施用量/吨/万元（D5）	相关资源消耗	负
	农业发展水平（C2）	农业总产值增长率/%（D6）	农业可持续发展	正
		人均粮食产量/吨/人（D7）	农业产品供给能力	正

表10-6（续）

维度	一级指标	二级指标	指标描述	指标属性
社会治理绩效（B2）	自然资源消费（C3）	人均生活用水量/立方米/人（D8）	居民生活用水	负
		人口密度/人/平方千米（D9）	居民生活占地	负
		农村居民年人均用电/千瓦时/人（D10）	生活能耗	负
	民生福祉水平（C4）	城镇居民人均可支配收入/元（D11）	城镇居民收入	正
		农村居民人均纯收入/元（D12）	农村居民收入水平	正
		千人卫生专业技术人员数/人/千（D13）	居民基本公共服务	正
		农村居民恩格尔系数/%（D14）	居民幸福感	正
生态管理绩效（B3）	生态环境治理（C5）	单位耕地面积农药污染量/吨/千公顷（D15）	农药减排	负
		单位耕地面积化肥污染量/吨/千公顷（D16）	农用化肥减排	负
		单位耕地面积农膜污染量/吨/千公顷（D17）	农业废物减排	负
		环境保护支出占本年财政支出之比/%（D18）	生态环境保护投入	负
	生态环境质量（C6）	人均耕地面积/公顷/人（D19）	耕地资源质量	正
		森林覆盖率/%（D20）	森林资源质量	正

资料来源：①刘燕妮，伍保平，高鹏. 中国农业发展方式的评价［J］. 经济理论与经济管理，2012（3）：100-107.

②陈瑾瑜，张文秀. 低碳农业发展的综合评价：以四川省为例［J］. 经济问题，2015（2）：101-104.

③严昌荣，梅旭荣，何文清，等. 农用地膜残留污染的现状与防治［J］. 农业工程学报，2006（11）269-272.

④朱兆良. 农田中氮肥的损失与对策［J］. 土壤与环境，2000（1）：1-6.

⑤《国家生态文明建设示范村镇指标（试行）》和《"十三五"生态环境保护规划》。

二、数据来源与指标计算说明

（一）数据来源说明

计划选取桂西资源富集区 30 个县（区）"十一五"期间、"十二五"期间的 10 年数据来评价桂西资源富集区的生态预算绩效。经过多渠道对数据进行收集、整理后发现，百色与崇左两市各县市的数据缺失非常多，而河池市"十一五"期间、"十二五"期间的数据虽然多一些，但是很多年份的数据都有缺失，因此主要以河池市的农业主产区与重点生态功能区的 10 县 2008 年、2009 年、2012 年与 2014 年为例，用 2008 年和 2009 年的数据平均值反映"十一五"期间的状况，用 2012 年和 2014 年的数据平均值反映"十二五"期间的状况。数据虽然不是很全面，但是具有一定的代表性。数据主要来源珠江—西江经济带经济社会发展数据库，河池市 10 县 2008 年、2009 年、2012 年、2014 年的经济与社会发展统计公报，河池市 2008 年统计年鉴，河池市 2009 年统计年鉴，河池市 2012 年统计年鉴，河池市 2014 年统计年鉴，河池市环境保护和生态建设"十三五"规划。由于各指标的度量单位不同，分析之前对获取数据进行标准化处理，标准化处理与广西壮族自治区北部湾经济区 4 市原始数据处理相似，经济绩效、社会绩效、生态绩效与综合绩效都是采用标准化值与对应指标权重的积求和所得。

根据广西壮族自治区主体功能区规划，宜州区、南丹县属于农业主产区，其余 8 县属于重点生态功能区，10 县采取限制开发区评价指标，农业主产区、重点生态功能区的差异体现在指标权重上。也就是说，宜州区、南丹县的评价指标权重与其他 8 县的指标权重不同。但是考虑到 10 县都属于限制开发区，且农业主产区只有 2 县，因此对原始数据标准化处理时不做区分。

（二）指标计算

投入产出、协调发展度、居民幸福指数 3 个指标的计算过程与评价长江三角洲地区 5 市时相同，此处不再重复。

三、投入产出绩效评价

河池市 10 县"十一五"期间、"十二五"期间的生态预算各子系统投入产出情况及投入产出绩效值，见表 10-7 和表 10-8。

表 10-7　河池市 10 县"十一五"期间、"十二五"期间
生态预算各子系统投入产出情况

河池市 10 县	"十一五"期间			"十二五"期间		
	经济绩效	社会绩效	生态绩效	经济绩效	社会绩效	生态绩效
宜州	0.307 2	0.115 5	0.107 6	0.312 8	0.117 3	0.076 7

表10-7（续）

河池市 10 县	"十一五" 期间			"十二五" 期间		
	经济绩效	社会绩效	生态绩效	经济绩效	社会绩效	生态绩效
南丹	0.275 9	0.188 5	0.114 5	0.300 8	0.146 7	0.099 0
天峨	0.268 8	0.135 1	0.266 3	0.252 4	0.153 9	0.218 8
凤山	0.233 5	0.054 3	0.273 0	0.183 5	0.068 3	0.294 6
东兰	0.185 6	0.066 6	0.202 5	0.194 7	0.059 1	0.200 4
巴马	0.198 8	0.055 5	0.269 4	0.173 0	0.075 0	0.290 9
都安	0.103 9	0.079 5	0.249 3	0.064 3	0.077 1	0.189 3
大化	0.178 5	0.086 8	0.244 4	0.139 5	0.080 5	0.284 3
罗城	0.212 0	0.090 5	0.181 2	0.193 2	0.053 1	0.250 8
环江	0.220 5	0.089 7	0.196 8	0.222 2	0.124 7	0.277 7

资料来源：本表根据本书内容整理制作。

表 10-8　河池市 10 县 "十一五" 期间、"十二五" 期间恩格尔系数及生态预算投入产出绩效值

河池市 10 县	"十一五" 期间		"十二五" 期间	
	恩格尔系数/%	投入产出	恩格尔系数/%	投入产出
宜州	44.455	0.530 3	37.89	0.506 9
南丹	51.205	0.579 0	37.345	0.546 5
天峨	51.03	0.670 2	47.515	0.625 2
凤山	45.785	0.560 8	40.265	0.546 4
东兰	46.02	0.454 7	39.22	0.454 3
巴马	50.085	0.523 6	45.585	0.538 9
都安	52.605	0.432 7	46.205	0.330 7
大化	53.855	0.509 7	45.315	0.504 4
罗城	55.735	0.484 0	37.12	0.497 0
环江	46.515	0.506 9	47.195	0.624 6

资料来源：本表根据本书内容整理制作。

（一）农业主产区投入产出绩效评价

河池市的农业主产区主要是宜州区、南丹县，从表10-7、表10-8可知：①这两个地区投入产出绩效评价。"十一五"期间、"十二五"期间，南丹县的投入产出绩效比宜州区要高，且两者都出现不同幅度的下降，宜州区的农业发展绩效比南丹县要好，但是两者的差距在不断缩小；社会绩效南丹县比宜州区要好，两者的差距也在缩小；生态绩效南丹县比宜州区要好，且两县出现较大幅度的下降。②宜州区投入产出绩效评价。"十二五"期间与"十一五"期间相比较，宜州区经济绩效略有上升，社会绩效变化不大，生态绩效出现较大幅度下降，从而导致宜州区的投入产出绩效下降。③南丹县投入产出绩效评价。"十二五"期间与"十一五"期间相比较，南丹县经济绩效略有上升，社会绩效、生态绩效都有所下降，从而导致南丹县的投入产出绩效下降。

（二）重点生态功能区投入产出绩效评价

河池市的重点生态功能区是天峨、凤山、东兰、巴马、都安、大化、罗城、环江8县。从表10-7、表10-8可知：①8县投入产出绩效评价。8县两个五年计划期间的生态预算投入产出绩效。天峨县、凤山县、巴马县的生态预算投入产出绩效比较高，都安县、东兰县、罗城县的生态预算投入产出绩效比较低，其中天峨县在"十一五"期间、"十二五"期间生态预算投入产出绩效一直居第一位；"十二五"期间与"十一五"期间相比较，除了环江、巴马、罗城3个县的生态预算投入产出绩效值上升，其余的县出现不同程度的下降，说明5县的生态预算投入产出绩效出现了不同程度的恶化。②天峨县投入产出绩效评价。"十二五"期间与"十一五"期间比较，天峨县经济发展绩效与生态绩效都有下降，社会绩效有所上升，整体投入产出绩效下降。③凤山县投入产出绩效评价。"十二五"期间与"十一五"期间比较，经济绩效下降非常明显，社会绩效增长比较快，生态绩效略有上升，整体投入产出绩效下降。④东兰县投入产出绩效评价。"十二五"期间与"十一五"期间比较，社会绩效和生态绩效略有下降，经济绩效微升，整体投入产出绩效略有下降。⑤巴马县投入产出绩效评价。"十二五"期间与"十一五"期间比较，经济绩效小幅度下降，社会绩效增长很快，生态绩效有一定上升，整体投入产出绩效有小幅度上升。⑥都安县投入产出绩效评价。"十二五"期间与"十一五"期间比较，经济绩效下降幅度很大，下降约50%，社会绩效小幅度下降，生态绩效也大幅度下降，整体投入产出绩效下降很大。⑦大化县投入产出绩效评价。"十二五"期间与"十一五"期间比较，经济绩效下降幅度很大，社会绩效小幅度下降，生态绩效有一定上升，整体绩效小幅度下降。⑧罗城县投入产出绩效评价。

"十二五"期间与"十一五"期间比较，经济绩效小幅度下降，社会绩效大幅度下降，生态绩效有大幅度上升，整体投入产出绩效有小幅度上升。⑨环江县投入产出绩效评价。"十二五"期间与"十一五"期间比较，经济绩效小幅度上升，社会绩效增长很大，生态绩效增长幅度很大，整体投入产出绩效有大幅度上升。

（三）限制开发区投入产出绩效结构评价

①"十一五"期间、"十二五"期间，从10县的生态预算绩效结构来看，除了凤山县、东兰县、巴马县、都安县、大化县的构成比例排第一的是生态绩效，宜州区、南丹县、天峨县排第一的是经济绩效（农业绩效），罗城、环江2县"十一五"期间重视经济发展绩效，"十二五"期间转移为更加重视生态绩效。②"十二五"期间与"十一五"期间相比较，2个农业主产区的经济发展绩效贡献率都有提高，8个重点生态功能区的经济绩效占的比重，除了东兰、环江2县贡献率略有提高，其他6县都有不同程度的降低。说明6县的主体功能区发展理念越来越强。③8个重点生态功能县的生态绩效值偏低，说明重点生态功能区的主体功能不是很明显，还有很大的提升空间。

（四）恩格尔系数与生态预算投入产出绩效相关性评价。

从表10-8可知：综合考虑恩格尔系数，环江县的生态预算投入产出绩效提升了，但是恩格尔系数也提升了，说明生态预算绩效提升并没有提升居民财富水平；只有巴马、罗城2县的生态预算绩效提升的同时，居民恩格尔系数下降，说明2县通过生态预算使居民财富水平提升了；其他7县的生态预算绩效下降了，但是居民财富水平却提升了，说明生态预算绩效与居民的恩格尔系数不存明显的相关性。从表10-8的变化也可以看出恩格尔系数与生态预算投入产出绩效相关性不大。

四、协调发展绩效评价

河池市10县"十一五"协调发展度取2008年和2009年的均值，"十二五"协调发展度取2012年和2014年的均值，10县"十一五"期间和"十二五"期间的协调发展度及其协调发展度等级划分见表10-9和表10-10。进一步分析表10-9和表10-10可知：①10县整体协调发展度呈下降趋势的较多。"十二五"期间与"十一五"期间相比较，环江县、巴马县和天峨县的协调发展度出现了提升，其中环江县提升的幅度比较大，其余7县的协调发展度都出现不同程度的下降，除凤山县、东兰县略有下降外，其余5县的协调发展度下降幅度很大。②10县的协调发展度的水平不高。"十二五"期间，7县都处于基本协调水平，环江县、天峨县处于比较协调水平，说明 10 县处于低水平的协调发展状态，还有很大的提升空间。

表 10-9 河池市 10 县"十一五"期间、"十二五"期间协调发展度值统计

河池市 10 县	"十一五"期间	"十二五"期间
宜州	0.503 4	0.444 6
南丹	0.617 3	0.536 8
天峨	0.694 9	0.708 9
凤山	0.524 6	0.519 0
东兰	0.522 8	0.508 3
巴马	0.506 6	0.523 6
都安	0.455 9	0.402 8
大化	0.562 1	0.497 6
罗城	0.574 2	0.497 9
环江	0.579 8	0.659 5

资料来源：本表根据本书内容整理制作。

表 10-10 河池市 10 县协调发展度等级划分

值域		0~0.21	0.22~0.43	0.44~0.65	0.66~0.87	0.88~1
等级		极不协调	较不协调	基本协调	比较协调	非常协调
河池市 10 县	"十一五"期间			宜州、南丹、凤山、东兰、巴马、都安、大化、罗城	天峨	
	"十二五"期间		都安	宜州、南丹、凤山、东兰、巴马、大化、罗城	天峨、环江	

资料来源：本表根据本书内容整理制作。

五、居民幸福指数评价

对河池市 10 县的居民进行问卷调查，对调查结果进行标准化处理后，按照居民幸福指数计算公式计算整理如表 10-11 所示。从表 10-11 可知：居民幸福指数排在前三名的是罗城县、宜州区、都安县，排在后三名的是凤山县、南丹县、环江县，说明罗城县、宜州区、都安县居民对其经济品、社会品与生态

品的组合供给满意度很高，而凤山县、南丹县、环江县对其经济品、社会品与生态品的组合供给满意度不高。

表 10-11　河池市 10 县居民幸福指数值统计

河池市 10 县	宜州	南丹	天峨	凤山	东兰	巴马	都安	大化	罗城	环江
幸福指数	0.749 3	0.604 6	0.721 9	0.583 3	0.707 7	0.702 6	0.747 8	0.682 4	0.769 4	0.664 1
幸福指数排序	2	9	4	10	5	6	3	7	1	8

资料来源：本表根据本书内容整理制作。

第四节　河池市 10 县生态预算综合评价

一、生态预算综合绩效计算

生态预算综合绩效评价指标权重设计、生态预算综合绩效值计算公式与评价长江三角洲地区 5 市生态综合绩效的权重设计思路、计算公式相同，综合绩效计算公式为：

综合绩效＝流程绩效×40%＋投入产出×30%＋协调发展度×10%＋居民幸福指数×20%

二、河池市 10 县生态预算综合绩效评价

根据生态预算综合绩效计算公式，河池市 10 县"十二五"期间的生态预算流程绩效、投入产出绩效、协调发展度、居民幸福指数及综合绩效 5 个指标值的计算汇总表见表 10-12。从表 10-12 可知：①天峨县生态预算综合绩效最高，排在前三位的依次是天峨县、环江县、罗城县，排在后三位的分别是都安县、凤山县、大化县，10 县的生态预算综合绩效值在 0.55－0.67 波动，整体绩效水平还是不高。②天峨县、环江县生态预算综合绩效评价。2 县生态预算综合绩效值最高，主要源于生态预算流程绩效、投入产出、协调发展度与居民幸福指数都比较高，但是其综合水平还可以进一步提升，因此，2 县可以考虑在现有生态预算的基础上提升整体水平。③罗城县生态预算综合绩效评价。罗城县生态预算综合绩效比较高，与天峨县、环江县比较，动态绩效中投入产出、协调发展度都存在短板。④巴马县、宜州区、东兰县、大化县、都安县生态预算综合绩效评价。5 县生态预算综合绩效主要表现为生态预算流程绩效、

居民幸福指数比较高，但是投入产出、协调发展度偏低，因此，5 县当务之急要更加重视生态预算的投入产出与协调发展。⑤南丹县、凤山 2 县生态预算综合绩效评价。南丹县、凤山县生态预算综合绩效比较差，主要表现为投入产出、区域协调发展与居民幸福感指数三方面都比较差，因此 2 县在重视投入产出、区域协调发展的同时，还要极力提升居民幸福指数。

表 10-12　河池市 10 县"十二五"期间各县 5 绩效指标值及权重汇总

河池市10县	静态绩效	动态绩效			综合绩效	排序
	流程绩效	投入产出	协调发展度	居民幸福指数		
宜州	0.649 6	0.506 9	0.444 6	0.749 3	0.606 2	5
南丹	0.620 7	0.546 5	0.536 8	0.604 6	0.586 8	7
天峨	0.662 4	0.625 2	0.708 9	0.721 9	0.667 8	1
凤山	0.609 3	0.546 4	0.519 0	0.583 3	0.576 2	9
东兰	0.648 8	0.454 3	0.508 3	0.707 7	0.588 2	6
巴马	0.688 9	0.538 9	0.523 6	0.702 6	0.630 1	4
都安	0.675 7	0.330 7	0.402 8	0.747 8	0.559 3	10
大化	0.612 0	0.504 4	0.497 6	0.682 4	0.582 3	8
罗城	0.700 1	0.497 0	0.497 9	0.769 4	0.632 8	3
环江	0.618 7	0.624 6	0.659 5	0.664 1	0.633 6	2
权重	40%	30%	10%	20%		

资料来源：本表根据本书内容整理制作。

从居民幸福指数维度分析。根据幸福感指数高低排序，10 县居民幸福指数从高到低依次排序是：罗城、宜州、都安、天峨、东兰、巴马、大化、环江、南丹、凤山。综合分析 10 县 4 绩效指标曲线的变化，可以看出居民幸福指数曲线与流程绩效曲线的变化相似度比较高，投入产出效率曲线与协调发展度曲线的变化相似度比较高，居民幸福指数与协调发展度的变化相似度不高，居民幸福指数与投入产出效率变化相似度不高。

第五节　河池市 10 县生态预算配套措施评价

以河池市 10 县 2016—2018 年自然资源环境方面的评价标准、生态预算审计、生态预算问责与评价结果等应用相关的制度、规划、公报、官方文件等文本为样本，评价河池市 10 县生态预算配套措施。

一、生态预算绩效评价标准评价

河池市以及各县的"十二五"规划、"十三五"规划对生态环境提出一些量化标准，各县生态预算绩效评价标准主要是一些笼统的定性标准，很少有定量的指标描述，使得绩效评价的弹性空间很大。

二、生态预算审计评价

自从国家提出开展领导干部实行自然资源资产离任审计以来，10 县坚决贯彻落实国家的政策，积极开展领导干部自然资源资产离任审计，但是近 5 年基本没有由第三方对河池市的自然资源环境独立进行审计，一般各县在环境突发事件发生后，由各县环保部门牵头与其他部门联合实施生态审计，很少有专门的、常态化的自然资源环境管理绩效审计。

三、生态预算问责评价

一般是在自然资源环境出现突发事件时才实施生态审计，由环保局负责问责，对自然资源环境管理绩效没有常态化评价与审计，生态预算绩效评价结果与审计结果主要用于本次环境突发事件的问责，只对突发性环境污染事件中直接责任主体问责，并没有重视产生环境突发事件的深层次矛盾与决策缺陷，也就是说生态预算评价只是为了问责而评价与审计，并没有针对评价与审计中发现的问题，从管理制度层面予以改进，以杜绝类似的生态环境问题发生，且生态预算绩效评价结果、审计结果对下年度的生态预算决策影响非常有限。

河池市 10 县生态预算绩效评价的绩效评价标准、审计机制与问责机制等配套措施零星分布在一些制度中，基本上没有形成系统的生态预算绩效评价配套机制。

第六节　对河池市生态预算的建议

一、改进生态预算流程

10 县主要是从顶层制度设计、生态预算信息质量、生态预算执行合理合规、生态预算系统内部合作这 4 个方面改进生态预算流程，各县生态预算流程改进的侧重点有所不同。宜州区主要是改进顶层制度设计、生态预算系统设计与生态预算报告形式；南丹县主要是改进生态预算组织与管理制度、生态预算执行合理合规、生态预算信息质量；天峨县主要是改进顶层制度设计、生态预算执行合理合规、生态预算报告形式、生态预算系统内部合作；凤山县主要是改进顶层制度设计、生态预算信息质量、生态预算系统内外部合作；东兰县主要是改进生态预算执行合理合规、生态预算信息质量、生态预算系统内部合作；巴马县主要是改进生态预算执行合理合规、生态预算报告形式、生态预算系统之间合作；都安县主要是改进生态预算系统设计、生态预算信息质量；大化县主要是改进顶层制度设计、生态预算系统设计、生态预算组织与管理制度；罗城县主要是改进顶层制度设计、生态预算系统设计、生态预算执行合理合规；环江县主要是改进顶层制度设计、生态预算组织与管理制度、生态预算信息质量。

二、提升生态预算动态绩效

10县整体协调发展度水平不高、生态预算投入产出效率也不高。

（一）抑制宜州区、南丹县、都安县、大化县、罗城县的协调发展度下降趋势

宜州区的协调发展度有明显下降，下降的原因是过分提升经济发展绩效，忽视生态管理，因此宜州区要适当降低经济发展速度，强化生态管理，使本地区投入产出效率与协调发展度都有提升。南丹县协调发展度下降明显与其过分重视经济发展、不太重视社会治理与生态管理有关，南丹县要加大社会治理与生态管理的投入，适当降低经济发展速度，才能有助于地区协调发展。都安县协调发展度出现明显下降，主要是因为经济发展、社会治理与生态管理都下降了，都安县要通过加强经济发展、社会治理与生态管理三管齐下，才能抑制下降趋势。大化县协调度下降主要是经济发展绩效下降、生态绩效上升导致的，因此要考虑经济发展与生态管理之间的协调关系。罗城县经济发展绩效、社会治理绩效都下降，生态绩效上升导致协调度下降，因此要综合调节经济、社会与生态复合生态系统。

（二）适当提升天峨县、环江县的协调发展度

天峨县、环江县的协调发展度水平比较高，其投入产出效率也比较高，其中天峨县经济发展绩效、生态绩效都有下降，生态绩效下降明显，整体投入产出绩效下降，但是协调发展度略有下降，天峨县的调整比较成功，可以在此基础上通过微调防止地区协调发展度下降。环江县社会绩效、生态绩效都呈现上

升趋势，整体投入产出绩效及协调发展度略有下降，但是整体协调水平比较高。要积极总结两县在生态预算中的经验，努力将其打造为桂西资源富集区生态预算的标杆县。

（三）提升都安县、东兰县、罗城县、大化县和宜州区的投入产出效率

都安县因经济绩效和生态绩效都有所下降，而社会绩效比较稳定，导致投入产出效率、协调发展度都有下降。东兰县经济发展绩效与社会治理绩效都有所上升，生态绩效比较稳定，投入产出效率没有提升，然而协调度水平下降。罗城县通过经济绩效小幅度下降，社会绩效大幅度下降，生态绩效大幅度上升，实现地区投入产出效率小幅度上升、协调度下降，但是投入产出效率整体比较低。大化县通过经济绩效大幅度下降，社会绩效、生态绩效小幅度下降，实现地区投入产出效率提升，但是协调度出现小幅度下降。宜州区因经济绩效上升，社会绩效稳定，生态绩效出现下降，地区协调发展度、投入产出效率都出现下降。因此，这些县区都应提升投入产出效率。

三、在广西壮族自治区主体功能区内构建自发型横向转移支付机制

广西壮族自治区北部湾经济区属于重点开发区，桂西资源富集区属于限制开发区，两者之间满足构建自发型横向转移支付机制的基本条件：①两区域可以视为一个命运共同体。从国土空间来看，广西壮族自治区北部湾经济区与桂西资源富集区相邻，有很多重叠区域，广西壮族自治区北部湾经济区主要是提供经济品，桂西资源富集区主要是提供生态品与农产品，两者依存度比较高，可以视为一个命运共同体，为自发型横向转移支付培育了动力源。②综合生态预算绩效差异很大，为自发型横向转移支付创造了条件。通过前面计算两区域综合生态预算绩效值可以得出广西北部湾经济区4市中，北海市、防城港市、南宁市的投入产出效率、协调发展度都比较高，而河池市的都安县、大化县、罗城县、东兰县的投入产出效率、协调发展度都比较低，可以考虑在他们之间进行横向转移支付，通过横向转移支付提升都安县、大化县、罗城县、东兰县的生态预算动态绩效，与此同时提升4县居民的幸福指数。③两区域生态预算绩效值为横向支付实施提供数据支撑。通过对两区域生态预算动态绩效评价，可以为横向转移支付积累一些基础数据，为确定横向转移支付金额提供原始基础数据。

第十一章　海洋主体功能区生态预算及其评价

第一节　海洋主体功能区环境治理困境及国外经验

一、海洋主体功能区

2015 年国务院颁布了《全国海洋主体功能区规划》，该规划是《全国主体功能区规划》的重要组成部分，是推进形成海洋主体功能区布局的基本依据，是海洋空间开发的基础性和约束性规划。规划范围为我国内水和领海、专属经济区和大陆架及其他管辖海域（不包括港澳台地区）。遵循自然规律，根据不同海域资源环境承载能力、现有开发强度和发展潜力，合理确定不同海域主体功能，科学谋划海洋开发，调整开发内容，规范开发秩序，提高开发能力和效率，着力推动海洋开发方式向循环利用型转变，实现可持续开发利用，构建陆海协调、人海和谐的海洋空间开发格局。开发过程中遵循陆海统筹、尊重自然、优化结构、集约开发等基本原则。根据到 2020 年主体功能区布局基本形成的总体要求，规划的主要目标是：①海洋空间利用格局清晰合理。坚持点上开发、面上保护，形成"一带九区多点"海洋开发格局、"一带一链多点"海洋生态安全格局、以传统渔场和海水养殖区等为主体的海洋水产品保障格局、储近用远的海洋油气资源开发格局。②海洋空间利用效率提高。沿海产业与城镇建设用海集约化程度、海域利用立体化和多元化程度、港口利用效率等明显提高，海洋水产品养殖单产水平稳步提升，单位岸线和单位海域面积产业增加值大幅度增长。③海洋可持续发展能力提升。海洋生态系统健康状况得到改善，海洋生态服务功能得到增强，大陆自然岸线保有率不低于 35%，海洋保护区占管辖海域面积比重增加到 5%，沿海岸线受损生态得到修复与整治。入海主要污染物总量得到有效控制，近岸海域水质总体保持稳定。海洋灾害预警预报和防灾减灾能力明显提升，应对气候变化能力进一步增强。

海洋主体功能区按开发内容可分为产业与城镇建设、农渔业生产、生态环境服务三种功能。依据主体功能，将海洋空间划分为四类区域。海洋主体功能区划分情况见表11-1。

表11-1　海洋主体功能区划分情况

类型	界定	区域	开发原则
优化开发区域	现有开发利用强度较高，资源环境约束较强，产业结构亟须调整和优化的海域	渤海湾、长江口及其两翼、珠江口及其两翼、北部湾、海峡西部以及辽东半岛、山东半岛、苏北、海南岛附近海域	优化近岸海域空间布局，合理调整海域开发规模和时序，控制开发强度，严格实施围填海总量控制制度；推动海洋传统产业技术改造和优化升级，大力发展海洋高技术产业，积极发展现代海洋服务业，推动海洋产业结构向高端、高效、高附加值转变；推进海洋经济绿色发展，提高产业准入门槛，积极开发利用海洋可再生能源，增强海洋碳汇功能；严格控制陆源污染物排放，加强重点河口海湾污染整治和生态修复，规范入海排污口设置；有效保护自然岸线和典型海洋生态系统，提高海洋生态服务功能
重点开发区域	在沿海经济社会发展中具有重要地位，发展潜力较大，资源环境承载能力较强，可以进行高强度集中开发的海域	内海及领海包括：城镇建设用海区、港口和临港产业用海区、海洋工程和资源开发区	实施据点式集约开发，严格控制开发活动规模和范围，形成现代海洋产业集群；实施围填海总量控制，科学选择围填海位置和方式，严格围填海监管；统筹规划港口、桥梁、隧道及其配套设施等海洋工程建设，形成陆海协调、安全高效的基础设施网络；加强对重大海洋工程特别是围填海项目的环境影响评价，对临港工业集中区和重大海洋工程施工过程实施严格的环境监控。加强海洋防灾减灾能力建设
		专属经济区和大陆架及其他管辖海域包括：资源勘探开发区、重点边远岛礁及其周边海域	加快推进资源勘探与评估，加强深海开采技术研发和成套装备能力建设；以海洋科研调查、绿色养殖、生态旅游等开发活动为先导，有序适度推进边远岛礁开发

表11-1(续)

类型	界定	区域	开发原则
限制开发区域	以提供海洋水产品为主要功能的海域,包括用于保护海洋渔业资源和海洋生态功能的海域	内海及领海包括:海洋渔业保障区、海洋特别保护区和海岛及其周边海域	实施分类管理,在海洋渔业保障区,实施禁渔区、休渔期管制,加强水产种质资源保护,禁止开展对海洋经济生物繁殖生长有较大影响的开发活动;在海洋特别保护区,严格限制不符合保护目标的开发活动,不得擅自改变海岸、海底地形地貌及其他自然生态环境状况;在海岛及其周边海域,禁止以建设实体坝方式连接岛礁,严格限制无居民海岛开发和改变海岛自然岸线的行为,禁止在无居民海岛弃置或者向其周边海域倾倒废水和固体废物
		专属经济区和大陆架及其他管辖海域包括:重点开发区域以外的其他海域	适度开展渔业捕捞,保护海洋生态环境
禁止开发区域	对维护海洋生物多样性,保护典型海洋生态系统具有重要作用的海域,包括海洋自然保护区、领海基点所在岛屿等	各级各类海洋自然保护区、领海基点所在岛礁等	对海洋自然保护区依法实行强制性保护,实施分类管理;对领海基点所在地实施严格保护,任何单位和个人不得破坏或擅自移动领海基点标志

资料来源:根据《全国海洋主体功能区规划》整理。

二、海洋主体功能区环境治理困境

自 20 世纪 50 年代,中国的海洋管理体制不断变迁与发展,2013 年海洋管理体制发生了深层次的变化,成立了国家海洋委员会统一协调海洋事务管理,中国海警局负责统一海洋执法,基本形成分部门、分层次管理结合,多部门合作、统一管理的海洋综合管理体制[174]。海洋环境治理取得了一定的效果,但是一直存在五大治理困境。

(一)治理法规整合不足,使海洋环境系统治理缺乏制度依据

海洋生态环境治理法规大多数属于单项、行业法规,系统的海洋环境治理规划主要是以《全国海洋主体功能区规划》为主,与海洋环境治理相关的规划多聚焦于海岸带环境治理,规划内容比较粗略。由于现行多数法规、规划立

足于各职能、各治理环节，治理重心不同，缺乏先进海洋环境治理理念指导，对已有的法规、规划整合后实施的效果并不理想[175]。这导致国家整合法规、规划意愿越来越强，但是由于整合缺乏整体性，多次整合后的法规、规划还是难以满足海洋环境系统治理的制度需求。

（二）治理机制融合不深，使海洋环境高效治理缺少有效工具

不同属性的物品，可以采取政府治理机制、市场治理机制与社会治理机制。海洋环境受陆地经济社会发展与海洋空间定位的综合影响，其复杂性决定海洋环境兼具有公共物品、准公共物品、俱乐部物品、私人物品的属性，不能简单认为海洋环境属于公共物品[176]。对海洋环境治理需要采取融合多种环境治理机制的综合治理机制，而现实中针对具体某一海洋区域采取单一治理机制，或不区分海洋区域笼统地采取单一治理机制的现象比较常见。国家积极融合三种治理机制，以增强海洋治理机制的兼容性，但是苦于融合力度不足，从而使得融合后面的海洋治理机制还是难以有效解决复杂的海洋环境问题。

（三）治理主体合作不够，使海洋环境治理执行难以到位

从治理层次来看，海洋环境治理主体由政府、社会中介、企业与公众四方联动能确定多方治理格局。从海洋环境治理流程来看，治理主体有决策主体、执行主体、评价主体与问责主体，四类主体互动形成海洋环境治理 PDCA 循环。从环境元素来看，有水环境治理主体、土地治理主体、空气治理主体等，环境元素相互影响决定所有元素治理主体只有在"一盘棋"下开展治理，才能保证整个海洋环境治理效果。现实中这些治理主体存在合作的动机，但由于多种因素影响难以全面开展合作，有些区域即使积极合作，但是互动不够，本应在合作框架内治理海洋环境，却一直停留在分割状态下治理，执行过程中容易出现很多盲区。

（四）治理标准联动性不强，使海洋环境治理问责难以全面发力

我国目前已形成两级五类的环保标准体系，分别为国家级和地方级标准，类别包括环境治理标准、污染物排放（控制）标准、环境监测类标准、环境管理规范类标准和环境基础类标准，累计发布国家环保标准 1 941 项[177]，尤其是《大气污染防治行动计划》《水污染防治行动计划》《土壤污染防治行动计划》针对环境质量提出明确的环境质量标准。海洋环境治理标准基本上在这一环保标准体系内制定，成为海洋环境治理评价的主要标准来源，但是具体指标标准之间的联动关系不是很明确，如水环境污染达到一个什么程度，对大气污染、土壤污染的程度没有对应的参考标准，只有这些标准明确且彼此之间具有联动关系，问责主体才能准确确定问责的范围与力度。实践中相关标准缺

位比较严重，没有体现出这层关系，使得海洋环境问责更多只问责直接主体，难以问责相关主体、潜在主体，治理问责不能全面发力。

（五）环境资产产出单一，使环境资产与负债转换效率低下

随着环境污染、自然资源破坏严重而影响到经济社会发展，各级政府非常重视环境资产的生态产出。党的十八大以来，国家将环境治理提到生态文明建设的高度，并出台了系列制度与规划，对环境资产的生态产出提出新要求，各级政府逐步淡化环境资产的经济产出。但是当经济产出与生态产出发生冲突时，一般还是以牺牲生态产出换取经济产出，这在中西部贫困地区比较明显，在东部地区也时有发生。实践表明，当自然资源存量的安全边际很小时，与经济产出相比较，环境资产的生态产出显得更加稀缺，过分关注环境资产的经济产出，是传统环境资产单一化经济产出思维影响的结果。

我国海洋环境治理之所以存在五大困境主要源于我国缺乏从整体视角重构海洋环境治理体系的意识，海洋环境治理决策、执行、评价与问责等环节碎片化严重，相关主体缺乏全面深入合作，尤其是对海洋环境资产与负债的转换效率重视不够。

三、国外海洋主体功能区环境治理实践与启示

（一）发达国家环境治理实践经验与启示

国外对环境资产投资、环保投资、环境治理支出的区分不是很严格，发达国家关于环保投资定义主要采取"费用说"，认为环保投资是社会为维护一定的环境质量付出的控制污染和改善环境的总费用。传统的地方政府规则的边界性与污染扩散的无边界性使得公共环境治理成效并不显著，在不断寻找新的治理手段过程中，这些国家发现市场导向的环境治理是不错的选择[178]。市场主导的环境治理是指除政府以外的社会组织、企业或公众，为了弥补政府在环境治理方面的不足，实现环境的可持续发展，对环境进行的自发自律性的治理行为[179]。其可以分为环境标准制定与执行、环境监管与约束、环境改善引导、环境意识培养四个方面[180]。经济发展使得美国、英国、日本三国具有较强的环境治理能力，形成了比较成熟的市场主导型环境治理体系，美国、英国、日本三国环境治理经验归纳见表11-2。从表11-2可知：与传统环境管理模式相比较，美国、英国、日本三国采取的市场主导的环境治理在4个方面有重大突破：①强调多主体主动互动；②决策制定权以问题为导向；③环境治理集中于环境资产与负债的转化；④重视环境治理综合效果评价。

表 11-2 美国、英国、日本三国环境治理经验归纳

项目	美国	英国	日本
环境治理制度	制定了环境、水环境与限排等系统的质量标准	制定了空气质量标准与废物处理制度	企业公害防止管理员制度、对水污染全面立法、推进循环利用政策
环境资产投资[181-182]	①资金主要来源于企业②主要投资于防护与预防方面的资产	①资金主要来源民间②主要投资于集成工艺方面的资产	①资金主要来源于政府与民间②主要投资于实地检测、工艺转化方面的资产
环境治理主体[181-182]	政府、生产者，以生产者为主	政府、地方公共团体、生产者，以地方公共团体为主	政府、企业、公众，以企业为主
环境治理重心[181-182]	①管理前移到治理设备与技术上②环境资产利用效率③生产责任延伸制度	①赋予地方公共团体执法权②追求环境负债零产出③生产者延伸责任	①政府—企业—公众一体化治理②企业配备一名环境工程师，接受社会监督③零污染、零排放
环境治理绩效评价[51,183]	结果、质量、公平和顾客满意为重心的结果导向型评价	区域经济性、效率性、效益性综合动态绩效评价	政策、措施等多维度综合评价
	①评价环境治理直接效果：主要采取二氧化碳排放、氮氧化物排放、土壤破坏、土地荒漠化和化学需氧量等指标评价②评价环境治理综合效果：第一，从目标、财务、结果与影响、资源配置4个维度评价；第二，利用压力—状态—响应评价模型及其拓展模型评价；第三，评价重点是环境资产与负债的转化效率		

发达国家在环境治理中主要应用社会环境治理模式和合作型环境治理模式。社会环境治理模式从治理主体的角度提出，合作型环境治理模式从治理行为的角度提出，这两种环境治理模式的本质是强调市场机制的主导作用，依靠多元主体共同合作参与，致力于提升环境资产与负债的转化效率。这对我国环境治理有 3 点启示：

1. 复杂环境治理更适合采用市场主导的环境治理模式解决

发达国家新型的环境治理模式以零污染、零排放为目标，主要借助市场机制的影响，广泛调动多元主体深度参与环境治理。宏观有政府进行顶层制度设计，中观有行业中介提供智力支撑，微观有企业与公众不断推进，层次分明，合力施策。是以政府规制影响环境治理为主还是以市场机制影响环境治理为

主，取决于环境治理市场的成熟度。在环境治理市场机制不成熟之前，主要是借助政府规制约束环境治理市场的行为，当环境治理市场机制比较成熟，主要依托于市场机制，这是市场运作的一般规律。我国环境治理市场经过几十年的摸索，市场机制已经初步具备调节功能，可以考虑逐步由政府主导的环境治理向市场主导的环境治理转型，充分激发环境治理市场各要素的活力。

2. 致力于差异化施策提升环境资产与负债转化效率

市场主导的环境治理聚焦一个问题：实现环境资产与负债的高效转化。市场主导型环境治理以提升环境资产与环境负债转化效率为目标，为了实现这一目标，环境治理要综合考虑区域差异，通过多元主体合作提升环境资产与负债的转化效率。①环境治理多中心合力。除了政府这一个中心，社会组织、企业、公众可以形成多个治理中心，多中心合作治理环境。②环境治理重心是环境资产与负债的转化。从环境资产的资金来源、配置、利用，到与环境负债的动态转化，实现零污染、零排放。③对不同的国土空间差异化实施环境治理措施。针对不同区域设计不同的治理方案，实施不同的治理措施。

3. 评价兼顾环境资产与负债转化过程及结果

发达国家在实践中达成了共识，环境治理绩效评价不能仅仅评价环境治理的结果，只要环境治理程序质量比较高，高质量的治理效果是可期的。良性环境治理循环一般由决策、投入、过程、产出、改进、决策等环节构成，在整个环境治理循环中，当投入形成的环境资产的各产出渠道高效畅通时，环境资产与环境负债之间能动态持续转化，该循环容易形成良性循环。评价主要针对良性环境治理循环设计具体评价指标。因此，在整个绩效评价过程中，将环境资产与环境负债的转化过程置于非常重要的地位，评价环境资产与环境负债的转化结果时，更加重视环境资产与环境负债的转化过程。

（二）国外海洋环境治理实践与启示

1992 年联合国通过的《21 世纪议程》就阐述了海洋可持续发展和环境问题，指出海洋环境是一个整体，是全球生命保障体系的基本组成部分。意味着国家与地区在海洋环境治理实践中不能分割治理海洋环境，也不能独立于陆地之外治理海洋环境。美国、日本、欧盟等国家和地区海洋环境治理起步比较早[184]，一直不断改进、优化传统的分块、分部门治理模式，致力于重建现代化海洋环境治理体系，在不断摸索中都认同海洋环境综合治理这一高级形式，这些国家和地区在海洋环境治理实践中的很多治理理念、治理思路、治理方式都值得我国借鉴。表 11-3 对美国、日本、欧盟的海洋环境治理实践经验从共性特征与个性特征两个方面进行归纳。

表 11-3　美国、日本、欧盟的海洋环境治理实践经验

国家	个性特性	共性特征[179-182]
美国[184,189]	①海洋环境治理相关主体无限连带责任，当相关责任主体不明确或相关主体无力支付海洋环境修复资金，由基金代付，但基金可以起诉一个或全部潜在责任人 ②相关海洋规划与计划及时修订或推出新计划，对优先目标必须制定详细的战略实施计划 ③最大可能保证公众参与，保证做到：鼓励社会公众参与、听取公众意见、高度信息透明、注重于公众合作解决问题、公众参与计划行动、向公众解释海洋环境治理的行动依据 ④对海洋环境治理全程跟踪	①严格海洋环境立法与规划，制定和有效实行一系列海洋生态环境保护规划与行动计划 ②基于海洋生态系统建立协调一致的海洋管理体制机制，实现区域海洋污染联防联治，推进海岸带陆海一体化治理 ③高度重视海洋科技创新，重视海洋环境监测技术的应用于研究与监测结果反馈，实现海洋产业结构优化升级 ④提高科学民主决策水平与环保意识，加强海洋环境教育与公民参与 ⑤海洋环境治理的客体不仅仅是单一海洋环境，更包括影响海洋环境的行为
日本[190-191]	①很多环境污染监督由大学、科研机构独立完成 ②形成初等、中等、高等不同层次的海洋教育体系 ③实现海岸地区环境信息收集与整理工作公开化与信息共享	
欧盟[192-193]	①高度重视空间治理，不断发展现代化的海洋空间规划 ②十分重视评估海洋政策的实施效果，定期发布海洋政策实施报告 ③海洋事务管理坚持善治，努力促进利益相关者参与海洋政策与规划制定等决策环节	

　　共性特征反映出海洋环境治理的一般规律，我国可以广泛借鉴，个性特征基于各国具体海洋环境状况而产生，能增强海洋环境治理的兼容性，我国海域广阔，且各海域环境复杂、个性明显，只有兼容性特别强的海洋环境治理体系，才能高效治理我国海洋环境。充分借鉴美国、日本、欧盟的海洋环境治理的共性特征，有取舍地借鉴其个性特征，对治理我国海洋环境主要有以下启示：

　　1. 立足海洋生态系统整体治理海洋环境

　　（1）基于整体视角治理

　　海洋环境与陆地经济社会发展不可分割，只有将陆地与海洋视为一个整体分析，采用整体思维治理海洋环境，才能取得更好的效果。

　　（2）追求海洋环境整体治理效率最大化

　　海洋环境由水、大气、土地、生物等具体的环境要素组成，海洋环境整体

治理不是各环境要素治理效果的简单相加，而是海洋环境整体治理效果最佳的条件下实现各环境要素治理效果最大化。

（3）海洋环境治理基本单元视海洋功能而定

海洋生态系统是一个自然整体，其整体区域与行政区一般不会重叠，一般不能以行政区为单元开展海洋环境治理，而应该根据海洋生态系统这一自然整体开展治理。因此，应将具有相似功能的海域视为一个整体，作为海洋环境治理的基本单元。

2. 海洋环境治理重心前移

各国将治理重心从海洋环境污染治理、海洋环境修复逐步前移，更加重视海洋教育、海洋技术研发、海洋管理决策等环节，说明海洋环境治理越来越重视源头治理，强调标本兼治。决策的关键是预算，因为预算通过资源配置直接影响海洋环境治理过程与结果；而资源是海洋环境治理工作开展的基础，没有资源保障的海洋环境治理只是空中楼阁。

3. 多维度合作治理海洋环境

多维度合作治理海洋环境表现为海洋环境治理主体合作、子系统之间合作与区域合作，区域合作主要是通过子系统合作与主体合作才能得以落实，是合作的最高形式。

（1）多主体合作

多主体合作主要包括海洋环境治理决策、执行、评价与问责等各环节相关主体合作，以及多个海洋区域环境治理主体合作、海陆环境治理主体合作等。

（2）多系统合作

多系统合作主要是指海洋区域内部、不同海洋区域之间的经济子系统、社会子系统与生态子系统之间合作。

（3）多区域合作

多区域合作主要包括不同海洋区域之间合作、海洋与陆地之间合作。

4. 全面的海洋环境治理连带问责机制

美国在海洋环境治理中采取的连带问责机制取得了理想的效果，因为将产生环境污染直接主体、治理相关主体、潜在利益主体等主体都列入问责群体，督促这一群体内部相互监督，不要产生环境污染，或环境污染产生之后，直接责任主体有义务主动承担并完成修复过程。这为海洋环境全程治理提供了具有很强约束力的监督机制。

综合借鉴发达国家和地区环境治理与海洋环境治理经验，我国海洋环境治理要置于海陆统筹治理这一大背景下，可以尝试从以下三方面入手：①立足区域环境状况差异，多方主体合作治理，致力于提升环境资产与负债的转化效率，实现零排放、零污染。②海洋环境治理要满足四方面特征，包括整体思维、全程治理、全面合作和联动问责。海洋环境治理模式只有同时满足这 4 个特征，才能有效解决现代海洋环境治理中存在的顽症。③梳理海洋环境资产与负债的转换机理，提升环境资产与负债的转换效率。现行海洋环境治理模式中能同时满足这 4 个基本特征的治理模式比较少见，但是将生态预算理论、空间结构理论融入海洋环境治理之中，立足海陆统筹发展，基于海洋主体功能区的生态预算（暂称海洋主体功能区生态预算）能基本满足这 4 个基本特征。

第二节　海陆统筹视阈下海洋主体功能区生态预算基本框架及特点

一、海陆统筹视阈下海洋主体功能区生态预算基本框架

生态预算作为一种自然资源环境管理新工具，其技术性决定不可能只局限于城市与陆地主体功能区，也同样可以适应海洋主体功能区，可用于构建海陆统筹视域下的海洋主体功能区生态预算。海陆统筹视阈下海洋主体功能区生态预算是为了使海陆协调发展、提高海洋空间的利用效率、提升海洋可持续发展能力，将海洋与陆地自然资源环境置于一个整体框架内，对各海洋主体功能区的自然资源环境实施预算管理。考虑到海洋优先开发区、重点开发区的主体功能比较相似，限制开发区、禁止开发区的主体功能比较相似，本书将优先开发区、重点开发区视为一大类，将限制开发区、禁止开发区视为一大类，在此基础上构建海洋主体功能区生态预算。①生态预算流程。生态预算流程由决策、执行、评价与问责组成，其中决策属于事前治理，执行是事中治理，评价与问责是事后治理。②生态预算功能。根据实现功能的不同，资金可分为经济发展资金与环境治理资金两部分（考虑到海洋的社会功能偏少一些，所以没有考虑社会治理资金），经济发展资金实现经济功能，环境治理资金实现环境功能。③生态预算实施保障。基金管理提供资金保障，管理组织提供组织制度保障，生态预算提供技术保障，公众全面参与提供推广基础，从资金、组织、技术与基础方面保证海洋主体生态预算能持续推进。海陆统筹视阈下海洋主体功能区生态预算基本框架见图 11-1，图中虚线代表信息线，实线代表以资金为主的资源线。

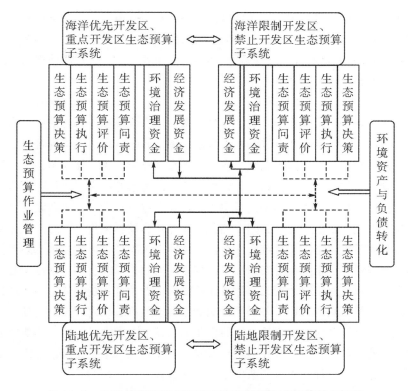

图 11-1　海陆统筹视阈下海洋主体功能区生态预算基本框架

二、海陆统筹视阈下海洋主体功能区生态预算的特点

与传统海洋环境治理、陆地主体功能区生态预算相比较，海陆统筹视阈下海洋主体功能区生态预算呈现四大特点：

（一）海陆统筹视角治理海洋环境

海洋生态预算中海陆统筹是在确定海岸带的主体功能区类型时，要将沿海陆地与近海域视为一个整体，在此基础上划分主体功能区，以海洋主体功能区为海洋环境治理基本单元，通过对海陆社会、经济、生态统筹，实现海陆全面发展、协调发展、均衡发展、可持续发展，最终实现人、地、海和谐[194]发展。①海陆定位、规划全面衔接。陆地发展与海洋功能定位要以陆海资源环境承载力为基础，充分考虑海岸带的交互性，陆海规划从层次、时序等多方面统筹设计。②海陆环境治理资源相互支持。在陆地优先发展期海洋支持陆地，从而造成海洋环境治理技术、资金都明显不如陆地，当滞后的海洋发展被提升为国家发展战略时，陆地有义务反哺海洋发展，向海洋环境治理提供资金与技术支持。③陆地环境治理终端与海洋环境治理始端对接。由于海洋污染源有一部分主要源于陆地污染物流入，陆地污染物流入海洋既是陆源污染产生的终端，同时也是海洋环境治理的始端，将陆源污染与海洋环境治理有机联系视为一个整体，可从源头治理海洋环境。

（二）合作型海洋环境治理

海洋主体功能区生态预算是合作型预算治理海洋环境，需要横向与纵向全面合作。这主要表现在3个方面：①海洋主体功能区生态预算流程合作。生态预算流程是对预算过程进行规范，在整个生态预算中起决定性作用，直接影响生态预算执行结果。生态预算流程合作主要体现为预算决策、执行、评价与问责形成一个闭环，决策主体、执行主体、评价主体与问责主体之间联动，尤其是评价结果能广泛应用，全面问责能监督海洋生态预算全程。②海洋主体功能区生态预算系统内部的子系统合作。这主要体现为海洋主体功能区生态预算系统内部经济预算子系统与生态预算子系统之间的合作。③主体功能区生态预算系统之间合作。这主要体现为海洋主体功能区生态预算系统与陆地主体功能区生态预算系统之间的合作、海洋主体功能区生态预算系统内子系统与陆地主体功能区生态预算系统内子系统之间的合作。在整个合作中，不同主体功能区生态预算系统之间的合作是合作的最高形式，主体功能区生态预算系统之间的合作主要通过预算流程合作、子系统之间合作两种方式实现的。

（三）海洋生态作业预算

海洋生态作业预算作为海洋主体功能区生态预算重要模块，主要致力于优化生态预算系统这些硬件，按照产品消耗作业、作业消耗资源的原理，对生态预算作业流程开展预算。海陆统筹视阈下主体功能区生态预算首先识别四类海洋主体功能区的海洋生态预算产品、海洋生态预算作业、海洋生态预算消耗的资源，其次评价预算产品结构合理性、预算作业效率与预算消耗资源配置的有效性，最后调整生态预算产品结构、重构生态预算作业，实现降低生态预算流程成本、提升生态预算资源配置效率的目标。

（四）聚焦环境资产与负债转化

海洋生态环境资产与负债的转化也是生态预算的重要模块，与海洋作业预算不同，环境资产与负债主要是致力于提升海洋主体功能区生态预算系统各要素的综合流动效率，对生态预算系统的流动各种要素开展预算。生态预算系统中流动的要素有资金、人力等，这些要素流动是相互影响的。海陆统筹视阈下的海洋主体功能区生态预算聚焦于所有要素的流动综合效果，即环境资产的质量与结构、环境负债的状况与结构以及环境资产与负债的转化效率。

第三节　海洋主体功能区生态作业预算绩效评价

一、海洋主体功能区生态作业预算

（一）作业预算

作业预算作为管理会计的一种重要工具，其基本原理是产品消耗作业、作业消耗资源[195]，是以作业管理为基础的预算管理方法。我国《管理会计应用指引第 204 号——作业预算》对作业预算进行了全面的阐述，认为作业预算主要适用于具有作业类型较多且作业链较长、管理层对预算编制的准确性要求较高的企业。企业编制作业预算一般是按照确定作业需求量、确定资源费用需求量、平衡资源费用需求量与供给量、审核最终预算等程序进行。企业应根据预测期销售量和销售收入预测各相关作业中心的产出量（或服务量），进而按照作业与产出量（或服务量）之间的关系，分别按产量级作业、批别级作业、品种级作业、客户级作业、设施级作业等计算各类作业的需求量，一般应先计算主要作业的需求量，再计算次要作业的需求量，依据作业消耗资源的因果关系确定作业对资源费用的需求量。企业应检查资源费用需求量与供给量是否平衡，如果没有达到基本平衡，需要通过增加或减少资源费用供给量或降低资源消耗率等方式，使两者的差额处于可接受的区间内。企业一般以作业中心为对象，按照作业类别编制资源费用预算。作业预算初步编制完成后，企业应组织相关人员进行预算评审，预算评审小组一般是从业绩要求、作业效率要求、资源效益要求等多个方面对作业预算进行评审。企业应按照作业中心和作业进度进行作业预算控制，通过把预算执行的过程控制精细化到作业管理层次，把控制重点放在作业活动驱动的资源上，实现生产经营全过程的预算控制。企业作业预算分析主要是包括资源动因分析和作业动因分析：资源动因分析主要是揭示作业消耗资源的必要性和合理性，发现减少资源浪费、降低资源消耗成本的机会，提高资源利用效率；作业动因分析主要是揭示作业的有效性和增值性，减少无效作业和不增值作业，不断地进行作业改进和流程优化，提高作业产出效果。

（二）海洋主体功能区的生态作业预算

海洋主体功能区环境治理中间接成本比重比较高，适合采取作业预算，在整个作业预算中关键是明确产品、作业与资源类型，计算出作业动因率、作业量、资源动因率、资源量。海洋主体功能区环境治理的产品包括主要污染物排放减少量、入海污染物减少量、海洋环境质量、海洋生态系统质量等；海洋环境治理的作业包括决策、执行、评价与问责四类；海洋环境治理中消耗的资源包括资金、人力资源、治理设备、土地资源、水资源等。由于四类主体功能区的主体功能不同，各主体功能区生态预算中，生产的具体产品、消耗的具体作业与资源存在较大的差异。①优先开发区是指现有开发利用强度较高，资源环境约束较强，产业结构亟须调整与优化，必须优化海洋开发活动，加快转变海洋经济发展方式的海域，主要集中在海岸带地区。②重点开发区是指在沿海经济社会发展中具有重要地位，发展潜力较大，资源环境承载能力较强，可以进行高强度集中开发，但是要严格控制海洋开发的规模与面积的海域。③限制开发区是以提供海洋水产品为主要功能的海域，包括用于保护海洋渔业资源和海洋生态功能的海域。④禁止开发区是指对维护海洋生物多样性，保护典型海洋生态系统具有重要功能作用的海域，包括海洋自然保护区、领海基点所在岛屿等[196]。优先开发区以海洋经济产业结构优化为主体功能，重点开发区以城镇建设为主体功能，限制开发区以农渔业生产为主体功能，禁止开发区以生态环境服务为主体功能。围绕主体功能，从环境治理角度设计海洋主体功能区生态作业预算图，具体见图11-2。

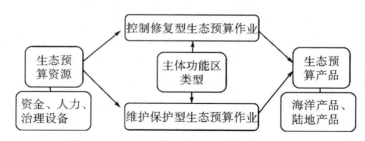

图11-2　海陆统筹视阈下海洋主体功能区生态作业预算

1. 重构生态预算作业流程

海洋主体功能区生态作业预算能有效识别海洋环境治理中的增值作业与非增值作业，并结合生态预算作业是控制修复型还是维护保护型来解构原来的生态预算流程，删除生态预算作业流程中的非增值作业，重构新的生态预算流程，达到降低海洋环境治理成本、提高海洋环境治理效率的目的。

2. 生态预算中"业资融合"机理

管理会计提出财务与业务的融合，即"业财融合"，主要通过全面预算实现。在生态预算中预算资金固然重要，但是其他预算资源对海洋环境治理同样重要，在此提出"业资融合"，"业"是指海洋环境治理业务，"资"是指海洋环境治理过程中所消耗的各种资源。海洋主体功能区生态预算通过海洋环境治理业务与预算资源的相互引导，实现资源在主体功能区内部、主体功能区之间高效自由流动。"业资"是通过二分固化融合：①海洋环境治理业务信息引导预算资源配置。海洋主体功能区生态预算系统能有效识别海洋环境治理业务信息，判断海洋环境治理状况，科学配置预算资源，引导预算资源流向增值的、必要的海洋环境治理业务。②预算资源反过来又引导海洋环境治理业务。当预算资源流向增值的、必要的治理业务集中时，同时向海洋环境治理市场传递的信号是：哪些是重点治理业务，哪些是非重点治理业务，哪些是海洋环境治理的重心。

3. 生态预算中"业资融合"实现路径

"业资融合"实现路径以共享平台为基础，以协调海洋环境治理业务与资源为过渡阶段，最终实现海洋环境治理流程再造[197]。①共享平台是基础。共享平台不仅是主体功能区资源信息与业务信息的共享平台，更重视将平台延伸至主体功能区之外，尤其是影响主体功能区的上游与下游区域。这是"业资融合"的硬件基础，也是"业资融合"的前期工作。②生态预算协调资源与业务。生态预算将海洋治理的产品、作业与资源采取多种计量单位与计量属性予以量化，形成原始数据输入共享平台，使共享平台动起来。原始数据产生之后，生态预算的职能转变为沟通，通过对资源数据与业务数据综合分析，规划海洋环境治理业务与治理资源，使海洋治理业务与资源能协调进行。③海洋环境治理流程再造是价值体现。当生态预算实现资源与业务协调之后，再实现"业财融合"的最终目标，遴选增值作业，删除非增值作业，重构海洋环境治理作业流程。

4. 为海洋环境治理问责提供详细的参照

海洋主体功能区生态预算首先将海洋主体功能区环境治理战略目标具体化为中短期目标与长期目标，再将海洋主体功能区环境治理中短期目标与长期目标进一步量化为一系列具体指标及指标值的变动。生态预算可以用价值计量，也可以采取实物计量，主要以实物计量为主，编制的主体功能区生态预算表不仅是生态预算执行、评价的标准，更能为生态预算问责提供问责标准。生态预算问责标准既有战略目标问责标准，也有具体目标问责标准；既有过程问责标准，也有结果问责标准；既有实物量问责标准，也有价值量问责标准。当生态预算问责标准量化后，可以减少问责主体主观负面影响问责过程与结果的公正性，生态问责更加具有说服力，容易得到被问责主体的认同，减少整个问责过程的阻力。

二、海洋主体功能区生态预算绩效评价指标

海陆统筹视阈下生态预算绩效评价指标设计主要立足海陆统筹治理这一背景，借鉴企业作业预算原理——产品消耗作业、作业消耗资源，充分考虑海洋主体功能区差异。设计的海洋主体功能区生态预算绩效评价指标见表11-5。

表11-5 海洋主体功能区生态预算绩效评价指标

评价维度	优先开发区	重点开发区	限制开发区	禁止开发区
生态预算产品评价指标	工业污染物排放减少量 入海污染物排放减少量 海洋环境质量	生活污染物排放减少量 入海污染物排放减少量 海洋环境质量	农、渔业污染物排放减少量 海洋生物多样性 海洋环境质量	海洋生物多样性 海洋生态系统健康状况
生态预算作业评价指标	以控制修复为导向的决策作业 以控制修复为导向的执行作业 以控制修复为导向的评价作业 以控制修复为导向的问责作业		以维护、保护为导向的决策作业 以维护、保护为导向的执行作业 以维护、保护为导向的评价作业 以维护、保护为导向的问责作业	
生态预算消耗资源评价指标	海洋环境治理资金投入 海洋环境治理人力投入 海洋环境治理设备投入		海洋环境治理资金投入 海洋环境治理人力投入	

第四节 海洋主体功能区环境资产与负债转化评价

一、海洋主体功能区环境资产与负债的转换

（一）环境资产与环境负债

联合国 2008 年首次界定了环境资产的定义：地球上自然发生的生物和非生物组成部分，共同构成生物物理环境，可为人类带来好处，环境资产由生态系统提供的供应服务以及非物质惠益组成[198]。Unseea（1995）则比较认同环境资产分为自然资源、土地与相连水面、生态系统三种。在此基础上，有学者将环境资产划分为经济性环境资产、资源性环境资产两类，环境治理投资与在此基础上形成的各类环境治理设施共同构成各项经济性环境资产，资源性环境资产是不能被人造资本替代且具有重要环境保护功能的资产[199]。

受会计要素中负债的影响，对环境负债的理解，更多的研究者从微观层面理解企业的环境负债，并对环境负债与自然资源负债做了区分，认为从国际上

相关核算理论和实践来看，不主张自然资源负债这一说法[200]，更偏向于使用环境负债，认为环境负债是指政府等各种组织对经济发展运行所造成的环境影响进行修复的法律义务[199]。从地方政府与区域等宏观层面来看，环境负债是基本明确且金额能计量的一种现实义务[201]。关于环境资产与环境负债关系的研究主要集中在两方面：①环境资产的经济产出。将环境资产划分为经济性环境资产和资源性环境资产，分别分析两类资产的经济产出[202]，这是强调经济发展在发展中的地位，片面理解发展就是经济发展，独立于环境负债研究环境资产。②环境资产与环境负债之间的转换。结合地方政府所拥有的资源性与经济性资产向环境负债的转换效率进行全面度量研究[200]，这是可持续发展理念引导形成的，但是对环境负债结构研究的深度不够。

（二）环境资产与负债的转化机理

考虑环境资产的结构，将环境资产划分为经济性环境资产和资源性环境资产，在此基础上构建环境资产与环境负债的基本转化机理为：

经济性环境资产=资源性环境资产−环境负债[200]

在基本转化逻辑框架下，主要关注经济性环境资产与资源性环境资产的转化以及经济性环境资产与环境负债的转化。因为对环境负债没有统一的认识，所以只考虑环境资产结构对转化机理的影响，忽视了环境负债结构对转化机理的影响，从而使该转化机理存在一定的缺陷。为了弥补这一缺陷，根据环境负债是否超过生态系统自身的承载能力，将环境负债划分为阈值内环境负债、超阈值环境负债。阈值内环境负债是环境负债没有超过生态系统自身承载能力，生态系统自身良性循环中自发产生的环境负债，现实中四类主体功能区一般都会产生这类环境负债；超阈值环境负债是超过生态系统自身承载能力，对生态系统自身良性循环会产生威胁的环境负债，现实中优先开发区、重点开发区经常会产生这类环境负债。考虑环境负债结构的影响，环境资产与环境负债之间基本转换逻辑可以修正为：

经济性环境资产=资源性环境资产−阈值内环境负债−超阈值环境负债

具体某一主体功能区不一定同时会产生阈值内环境负债、超阈值环境负债，不同的主体功能区的环境资产与环境负债转化也就存在四种情形：①当超阈值环境负债为零时，资源性环境资产能满足转化阈值内环境负债的需要，可以不增加经济性环境资产投资；②当超阈值环境负债为零时，资源性环境资产不能满足转化阈值内环境负债的需要，可以适当增加经济性环境资产投资，转化为资源性环境资产，满足转化阈值内环境负债需要；③当超阈值环境负债不为零时，资源型环境资产满足转化阈值内环境负债还有余，且可以满足转化超阈值环境负债，也可以不增加经济性环境资产投资；④当超阈值环境负债不为零时，资源型环境资产满足阈值内环境负债还有余，但不能满足超阈值环境负债转化需要，必须加大经济性环境资产投资，使经济性环境资产直接具备转化超阈值环境负债的能力。一般前两种情形在限制开发区与禁止开发区出现得比较多，后两种情形在优先开发区与重点开发区出现得比较多。

（三）环境资产与负债的转化路径

在环境资产与环境负债转化机理的基础上可以形成三种基本转化路径：①环境资产内部的转化。在环境资产内部有两种不同方向的转化，分别是经济性环境资产向资源性环境资产转化、资源性环境资产向经济性环境资产转化。②自发性转化。自发性转化是以资源性环境资产为主的环境资产与环境负债之间的转化，主要依靠生态系统自身的转化能力。③诱导性转化。诱导性转化是以经济性环境资产为主的环境资产与环境负债之间的转化，主要是依靠政府强制性干预实施转化。实践中很少会出现单一基本转化路径，一般是两种基本转化路径的组合路径，即二元转化路径、二次转化路径两种组合转化路径。

1. 环境资产与负债二元转化路径

在二元转化过程中，除了经济性环境资产与资源性环境资产之间的转化，自发性转化与诱导性转化是同步进行的。一般适应于超阈值环境负债比较多的区域，如我国的优先开发区、重点开发区，政府不得不提前干预环境治理，以免环境治理失控。环境资产与环境负债二元转化路径，见图11-3。

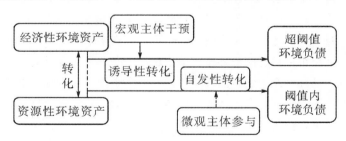

图11-3 环境资产与环境负债二元转化路径

2. 环境资产与负债二次转化路径

在二次转化过程中，除了经济性环境资产与资源性环境资产之间的转化，自发性转化与诱导性转化是递进进行的，即首先进行自发性转化，当自发性转化不能满足转化需求时，在此基础上再进行诱导性转化。一般适应于没有超阈值环境负债或超阈值环境负债比较少的区域，如我国的限制开发区、禁止开发区，政府适度干预或不干预可以实现资源性环境资产与环境负债转化。环境资产与环境负债二次转化路径，见图11-4。

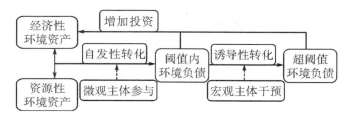

图11-4　环境资产与环境负债二次转化路径

修正后的环境资产与环境负债转化，在三方面有所改进：①充分考虑环境资产结构、环境负债结构对转化机理的影响。传统的转化机理主要考虑环境资产结构影响转化过程，修正后的转化模型同时考虑环境资产结构与环境负债结构对转化过程的影响，更强调环境资产与环境负债的良性互动。②可以有效识别各转化路径的效率。对环境资产与环境负债转化进行二元分析，可以有效识别高效的转化路径掩盖低效的转化路径。③组合转化路径针对性更强。组合转化路径其实就是结合不同主体功能区提出，不同的主体功能区可以从二元转化、二次转化中选择合适的转化路径应用。

二、海洋主体功能区环境资产与负债转化效率评价指标

（一）绩效评价指标设计的基本要求

为了提高环境资产与负债的转化效率，以修正后的环境资产与负债转化机理为基础设计评价指标。设计具体转化效率评价指标时遵循四大基本原则：①差异性原则。不同主体功能区的环境资产负债的转化效率评价指标有差异。②层次原则。由于环境治理由政府、企业与公众等主体共同参与效果更好，指标设计时不仅应尽可能考虑政府宏观层面，也应考虑企业与公众微观层面。③数据易获取原则。当描述某一状态有多个指标时，尽可能选取容易获取数据的评价指标，增强评价指标的可操作性。④兼容性原则。评价指标既有经济性指标，也有实物量指标，使得评价指标体系更加完整、科学。

（二）环境资产与负债转化效率评价指标体系

以诱导性转化、自发性转化等基本转化路径为基础，结合我国优先开发区、重点开发区、限制开发区、禁止开发区四类主体功能区，综合考虑宏观与微观两个层面设计评价指标。诱发性转化效率评价指标以经济性环境资产增加作为投入、超阈值环境负债减少作为产出；自发性转化效率评价指标以资源性环境资产增加作为投入、阈值内环境负债减少作为产出。海洋主体功能区环境

资产与负债转化效率评价指标，见表11-6。

表 11-6　海洋主体功能区环境资产与负债转化效率评价指标

转化类型		评价指标		评价指标说明
		优先开发区、重点开发区	限制开发区、禁止开发区	
自发性转化[199][202]	投入	自然岸线长度	自然岸线长度	资源性环境资产
		滩涂面积	滩涂面积	
		海域面积	海域面积	
	产出	一类、二类海水比例	新增海洋生物种类	阈值内环境负债
		近岸海域水质达标率	海洋保护区面积增长率	
诱发性转化[199][203-205]	投入	污染治理完成投资	海洋科学研究资金投入	政府层面经济性环境资产
		当年完成环保验收项目环保投资	海洋污染治理完成投资	
		海洋科学研究资金投入	环保投资占GDP比重	
		企业环保设施及系统投入	企业环保设施及系统投入	企业层面经济性环境资产
		企业自主研发费用	企业自主研发费用	
	产出	废水直排减少量	赤潮发生频率减少	超阈值环境负债
		化学需氧排放减少量	海洋污染面积减少	
		近海域水质达标率	海洋养殖污染物减少	
		海洋污染面积减少	近海域水质达标率	

（三）海洋主体功能区应用转化效率评价指标的说明

虽然环境资产与负债转化模型是针对主体功能区提出的，但是在实践中主体功能区应用环境资产与负债转化效率评价指标时要注意三个细节：

1. 严格划分环境资产与环境负债

应用评价指标的前提是环境资产能划分为经济性环境资产、资源性环境资产，环境负债划分为阈值内环境负债、超阈值环境负债。各主体功能区只有在应用评价指标之前先对环境资产、环境负债进行严格划分，才能确定如何选择指标开展评价。

2. 不同主体功能区在应用评价指标时存在一些差异

由于优先开发区、重点开发区的主体功能比较相似，限制开发区、禁止开发区的主体功能比较相似，本书只分两大类进行说明：①优先开发区、重点开发区转化效率评价。优先开发区、重点开发区以工业化、城镇化为主体功能，容易产生超阈值环境负债。因此，在评价优先开发区、重点开发区环境资产与负债的转化效率时，同时采取诱发性转化与自发性转化的评价指标。②限制开发区、禁止开发区转化效率评价。限制开发区、禁止开发区以农业、生态服务为主体功能，一般不会产生超阈值环境负债。因此，在评价限制开发区与禁止开发区环境资产与负债的转化效率时，先采取自发性转化评价指标，当存在超阈值环境负债时，再采取诱发性转化评价指标，最后综合考虑两次评价结果形成最终的评价结论。

3. 不同阶段评价指标的权重不同

评价指标的权重要结合具体评价区域的主体功能，采取主观与客观相结合的方法来确定。①优先开发区、重点开发区评价指标权重。对优先开发区、重点开发区在中短期进行转化效率评价时，诱发性转化指标的权重适当调高；在中后期评价时，指标权重适当调低。②限制开发区、禁止开发区评价指标权重。对限制开发区、禁止开发区转化效率评价之前，首先对超阈值环境负债要进行预估，当预估超阈值环境负债为零，可以不开展诱发性转化效率评价，直接应用自发性转化效率评价指标。

第十二章　小结、建议及不足

第一节　本书小结

本书结合对主体功能区生态预算绩效评价体系的规范性分析，并应用优先开发区生态预算绩效评价指标评价长江三角洲地区 5 市、重点开发区生态预算绩效评价指标评价广西壮族自治区北部湾经济区 4 市、限制开发区生态预算绩效评价指标评价桂西资源富集区河池市 10 县的生态预算绩效，可以得出 7 个结论。

一、主体功能区生态预算流程都处于基本有效状态且路径依赖明显

长江三角洲地区 5 市、广西壮族自治区北部湾经济区 4 市、桂西资源富集区河池市 10 县的生态预算静态绩效值绝大部分介于 0.6~0.7，说明主体功能区生态预算流程还处于萌芽阶段。由于国家没有对生态预算流程予以规范，只具有少许基本理念，因此后续改进与优化生态预算流程具有很大的空间，尤其是在生态预算决策与执行两个环节。四类不同的主体功能区，虽然属于异质主体功能区，其开展生态预算的流程相似度比较高，可以采取相同的生态预算流程绩效评价指标体系。但是主体功能区生态预算系统根据生态预算流程的成熟度不同可以划分为 3 个阶段：预算流程产生阶段、预算流程规范阶段和预算流程成熟阶段。对生态预算流程绩效进行评价，要充分考虑生态预算流程发展到哪一个阶段：在产生阶段，要重视生态预算流程的构成要素的完备；在规范阶段，要重视生态预算流程构成要素之间的耦合；在成熟阶段，要重视生态预算流程的优化功能。在生态预算绩效产生阶段，生态预算流程绩效对居民幸福感产生重大影响，随着生态预算流程逐步完善，其对生态预算绩效的影响程度会逐步减弱。

二、不同的主体功能区要采取差异化的动态绩效评价指标

四类主体功能区的主体功能不同，决定其生态预算系统对资金在经济子系统、社会子系统与生态子系统的配置不同以及使用效率与效果不同，因此要采取差异化的绩效评价指标评价各主体功能区的投入产出效率与效果。动态绩效虽然在生态预算初期对居民幸福感的影响有限，一旦生态预算流程形成，其对居民幸福感的影响逐步增加。

三、生态预算效果离预期目标偏差较大

长江三角洲地区 5 市、广西壮族自治区北部湾经济区 4 市、桂西资源富集区河池市 10 县的协调发展度都不是很高，绝大部分处于基本协调等级，有部分地区"十二五"期间协调发展度在"十一五"期间的基础上出现下降，说明生态预算在促进主体功能区经济、社会、生态协调发展方面的作用不是很明显。有些地区"十二五"期间居民的幸福感指数并没有增强，说明生态预算在提升居民幸福感程度上的作用也非常有限。

四、主体功能区生态预算综合绩效较低

长江三角洲地区 5 市生态预算综合绩效值在 0.55~0.62 波动，广西壮族自治区北部湾经济区 4 市生态预算综合绩效值在 0.55~0.69 波动，桂西资源富集区河池市 10 县的生态预算综合绩效值在 0.55~0.67 波动，没有 1 个市的生态预算综合绩效值达到 0.7，整体绩效水平偏低。

五、在生态预算绩效评价的不同时期，静态绩效和动态绩效的地位不同

应用主体功能区生态预算绩效评价时，不同的生态预算阶段，静态绩效、动态绩效在整个生态预算绩效评价中的比重会发生变化。静态绩效比重、动态绩效比重与主体功能区生态预算发展阶段的关系，见图 12-1。在预算流程产生阶段，动态绩效、静态绩效的权重都稳定，动态绩效的比重比静态绩效的比重高；在预算流程规范阶段，静态绩效的比重逐渐降低，动态绩效的比重逐渐提高，动态绩效的比重与静态绩效的比重差距越来越大；在生态预算流程成熟阶段，动态绩效的比重和静态绩效的比重又比较稳定，但是静态绩效的比重比动态绩效的比重要低很多。

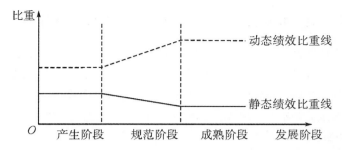

图 12-1　静态绩效比重、动态绩效比重与主体功能区生态预算发展阶段的关系

六、《全国主体功能区规划》的基础约束力不强

国务院 2010 年颁布的《全国主体功能区规划》中明确该规划具有基础约束性，但是长江三角洲地区 5 市、广西壮族自治区北部湾经济区 4 市、桂西资源富集区河池市 10 县这三类主体功能区"十二五"期间的生态预算绩效与"十一五"期间的生态预算绩效相比，有些主体功能区的生态预算绩效并没有提高反而下降，长江三角洲地区部分城市的经济发展质量并没有提高，生态治理绩效提高不是很明显，桂西资源富集区河池市 10 县绝大部分县属于重点生态功能区却更加重视经济发展速度而忽视了生态治理。同一主体功能区内各地区的主体功能应该基本相同，其发展的趋势也应该比较相似，而评价长江三角洲地区 5 市、广西壮族自治区北部湾经济区 4 市、桂西资源富集区河池市 10 县三类不同主体功能区生态预算动态绩效的结构发现，同一主体功能区内部各地区的发展趋势却有所不同。部分地区更加重视经济发展绩效，而部分地区更加重视社会治理绩效，其生态预算动态绩效结构不具有相似性，说明同一主体功能区内部各地区并没有围绕主体功能定位科学发展，缺乏整体发展大局观念。

七、生态预算绩效评价的配套措施亟须完善

三大主体功能区生态预算绩效评价的配套措施都处于萌芽阶段，如绩效评价标准零散、生态预算审计非常态化、生态预算问责不到位等。配套措施没有形成体系，很难为开展主体功能区生态预算绩效评价提供强有力的保障。

第二节 政策建议

一、完善主体功能区生态预算绩效评价的顶层制度

（一）完善主体功能区生态预算绩效评价法律制度

现行财政预算蕴含有生态元素，但是单独将生态预算与财政预算置于相同的地位还是缺乏具体的法律依据，应在《中华人民共和国预算法》《中华人民共和国环境保护法》《中华人民共和国审计法》等相关法律中明确生态预算、生态预算绩效评价的法律地位，为区域与地方政府实施生态预算提供具体的法律依据。在部门规章、规范性文件、行业规划与区域规划中也应做相应的说明，如修订《全国主体功能区规划》《全国海洋主体功能区规划》等，增加有关生态预算、生态预算绩效评价作为一种倡导行动工具的有关阐述。为实施主体功能区生态预算提供比较全面的、层次分明的法律体系，也为主体功能区开展生态预算提供明确的价值取向。生态预算绩效评价的基本价值取向是自然资源环境具有生态价值、经济价值与社会价值多重价值，且各维度价值的地位平等，在促进主体功能区经济、社会、生态持续协调发展时，动态权衡自然资源环境的生态价值、经济价值与社会价值的优先顺序。

相关法律体系只能为开展主体功能区生态预算及其绩效评价提供原则性标准与基本要求，生态预算及其绩效评价是一项复杂的系统工程，其专业性比较强，且成功的实践经验不多，国家层面可以组织相关专家在吸收已有生态预算研究成果的基础上，出台生态预算绩效评价准则，准则基本框架可以参考会计准则的基本结构框架，由基本准则、具体准则、应用指南组成。在实施生态预算绩效评价的初期，由于开展生态预算绩效评价的主体自身专业能力比较低，采用规则导向评价准则，国家层面要制定相对比较详细的应用指南，规范绩效评价过程。当生态预算相关主体的专业能力比较高时，逐步过渡为原则导向评价准则。在整个生态预算绩效评价准则制定过程中，重点要解决生态预算绩效评价主体、生态预算绩效基本评价指标与生态预算绩效评价实施路径等关键问题。

（二）明确主体功能区生态预算绩效评价主体

主体功能区生态预算绩效评价由生态预算绩效自我评价与第三方评价组成，自我评价服务于主体功能区内部自然资源环境管理，第三方评价服务于外部监督主体，第三方评价可以在自我评价的基础上开展。

1. 主体功能区生态预算绩效自我评价

主体功能区生态预算绩效自我评价是主体功能区根据主体功能区生态预算绩效评价准则对本主体功能区生态预算绩效开展评价，其评价主体是主体功能区。由于主体功能区是一个虚拟的空间区域，很难履行评价主体的职能，可以选择最能代表主体功能区的公共组织，如主体功能区内各地方政府的协调组织、具有广泛代表性的区域组织等。生态预算绩效自我评价主要服务于管理主体功能区自然资源环境的组织，促使其转变管理主体功能区自然资源环境的观念，提高管理主体功能区生态预算效率。

2. 生态预算绩效第三方评价

主体功能区生态预算绩效第三方评价是由独立于主体功能区的第三方主体根据主体功能区生态预算绩效评价准则评价主体功能区生态预算绩效。其评价主体是独立于主体功能区利益之外的第三方，专业素养比较高，绩效评价结果主要服务于外部监督主体，如上级政府、社会组织、社会公众、问责主体等。第三方绩效评价主体除了评价主体功能区生态预算效率、监督生态预算的合法与合规，还为生态环境投资者、消费者提供真实、准确的生态环境信息。

（三）设计主体功能区生态预算绩效基本评价指标

主体功能区生态预算绩效基本评价指标主要针对生态预算流程与生态预算的产出、效果设计，相同的主体功能区应采用相同的生态预算流程绩效评价指标，而不同的主体功能区则应采用差异化的生态预算动态绩效评价指标。各主体功能区在应用生态预算绩效评价指标时，可以结合自身情况微调指标，以增强评价指标的可操作性与适应性，提高绩效评价结果的准确性。

1. 静态绩效评价指标

静态绩效评价指标从预算流程角度评价生态预算决策、执行、报告与合作各环节的绩效。①生态预算决策绩效评价指标。生态预算决策绩效评价指标具体可从生态预算的顶层制度安排、主体功能区生态预算系统的结构是否科学、层次是否合理设计评价指标。②生态预算执行绩效评价指标。生态预算执行绩效评价指标具体可从主体功能区的经济发展资金、社会管理资金、人民生活资金与资源环境资金的执行过程及执行结果绩效设计评价指标。③生态预算报告绩效评价指标。生态预算报告绩效评价指标具体可从预算信息报告形式、预算信息的真实程度、预算信息的透明度等方面设计评价指标。④生态预算合作绩效评价指标。生态预算合作绩效评价指标主要针对生态预算决策、执行、报告之间的合作绩效，生态经济预算子系统、生态社会预算子系统与生态资源预算子系统之间的合作绩效，不同主体功能区生态预算系统之间的合作绩效设计评价指标。

2. 动态绩效评价指标

动态绩效评价指标从预算产出与效果角度评价经济发展资金、社会治理资金和生态环境管理资金的投入产出效率，主体功能区协调发展度与居民幸福指数。①经济发展资金预算绩效评价。经济发展资金预算绩效评价主要是从单位GDP 占地、单位 GDP 水耗、单位 GDP 能耗等方面设计指标。②社会治理资金预算绩效评价。社会治理资金预算绩效评价主要是从人均生活占地、人均生活水耗、人均生活能耗、居民恩格尔系数等方面设计指标。③生态管理资金预算绩效评价。生态管理资金预算绩效评价主要是从三废治理、环境保护、环境质量等方面设计指标。

（四）规范主体功能区生态预算绩效评价实施路径

实施主体功能区生态预算绩效评价遵循戴明循环（PDCA）。戴明循环（PDCA）是美国质量管理专家休哈特博士首先提出的，由学者戴明进行完善并予以推广，又称 PDCA 循环。PDCA 循环即计划、执行、检查、处理，要求把各项工作按照做出计划、计划实施、检查实施效果的步骤进行，然后将成功的纳入标准，不成功的留待下一循环去解决，使管理工作形成一个完整的闭环，不断提升管理质量。这一工作方法既是质量管理的基本方法，也是管理工作的一般规律。

1. 构建主体功能区生态预算基础数据库

现行关于自然资源环境管理相关的数据一般是以行政区为空间单元，如各地区关于经济发展与环境的统计年鉴、统计公报、五年规划等，其中市以上的数据相对较多。主体功能区生态预算绩效评价需要以主体功能区为基本统计单元的基础数据，需要将现有数据调整为以主体功能区为基本空间单元的数据，整个调整过程的成本较高、难度较大，有部分数据无法调整。国家要加强以主体功能区为基本单元的基础数据库建设，同时对以往年度的数据进行清洗、加工，调整为以主体功能区为基本单元的数据，丰富主体功能区的基础数据资源，为开展主体功能区生态预算绩效评价提供数据支撑。

2. 选择生态预算绩效评价模式

主体功能区生态预算绩效评价有政府主导型生态预算绩效评价与市场主导型生态预算绩效评价两种模式，一般是根据自然资源环境管理市场的成熟度来决定选择哪种评价模式。国家层面主体功能区生态预算绩效评价的实施可以分两步走：在生态资源环境市场不成熟时，采取政府主导型生态预算绩效评价模式；一旦市场成熟，采取市场主导型生态预算绩效评价模式。由于我国区域差异比较明显，东部地区生态资源环境市场比中部地区和西部地区生态资源环境市场相对成熟，因此，东部地区可以尝试选择市场主导型生态预算绩效评价模式，中部地区和西部地区可以选择政府主导型生态预算绩效评价模式。

3. 选择主体功能区生态预算动态绩效评价指标

首先根据国家及各地区主体功能区规划，确定本区域属于优先开发区、重点开发区、农业主产区、重点生态功能区与禁止开发区中的哪一种类型，选择对应的主体功能区生态预算动态绩效评价指标，在此基础上结合该主体功能区特殊情况，对动态绩效评价指标予以微调，以提高主体功能区生态预算动态绩效评价指标的适应性。

4. 评价主体功能区生态预算绩效

计算各主体功能区生态预算静态绩效值与动态绩效值，然后在此基础上计算主体功能区生态预算绩效值。在绩效评价初期，对各主体功能区生态预算绩效按绩效值大小进行排序，以促进各主体功能区提升生态预算能力。当主体功能区生态预算技术成熟并具备一定生态预算能力，逐步放弃对各主体功能区生态预算绩效排序，重点督促各主体功能区改进生态预算过程中存在的缺陷，培育出不同类型的生态预算标杆区域，为其他主体功能区开展生态预算提供成功经验。

5. 应用主体功能区生态预算绩效评价结论

主体功能区生态预算绩效评价过程与评价结论必须严格按照生态预算绩效评价准则的要求及时对外披露、报告与传递，对外披露与报告的是生态预算绩效评价可以公开的内容，主要面向社会公众与社会组织。与此同时要将生态预算绩效评价结论与评价过程中发现的问题及时传递给监督机构，必要时启动生态预算问责机制，使生态预算与绩效评价过程接受广泛的监督。

循序渐进地推进主体功能区生态预算绩效评价，主体功能区生态预算绩效评价实施可分三步推进：①主要借助生态预算打通资金横向流动渠道。主体功能区生态预算绩效评价通过以评促改，不断改进、优化主体功能区生态预算系统，借助生态预算打通主体功能区经济子系统、社会子系统与生态子系统之间的资金流动渠道，以及主体功能区之间的资金流动渠道、主体功能区之间三大子系统之间的资金流动渠道，使资金横向流动的渠道畅通无阻。②采取生态预算与市场机制相结合的方式去调节资金横向流动。借助生态预算这只有形的手与市场机制这一无形的手，调节资金横向流动渠道，使资金横向流动渠道畅通并趋于稳定。③主要采取市场机制调节资金横向流动。一旦资金横向流动渠道畅通且稳定，逐步减少生态预算干预，主要是借助市场机制自我调节资金流动，带动自然资本高效、节约利用。

二、提升主体功能区生态预算绩效

（一）改进主体功能区生态预算流程

主体功能区生态预算程序由决策、执行、报告与合作等环节构成，从专家们对各环节赋予的权重来看，生态预算决策与执行环节的权重较高，所以要提高主体功能区生态预算绩效的关键是提升决策、执行环节的绩效。

1. 科学设计、反复论证生态预算方案

（1）充分调研主体功能区的状况

设计生态预算前必须充分调研主体功能区的自然资源与生态环境状况、生态短板与关键自然资源，以此作为生态预算的切入点和设计生态预算方案的主线。

（2）强大的专家智囊团提供智力支撑

由于生态预算涉及环境、资源、生态、预算、经济地理、公共管理等多个领域，各主体功能区在设计生态预算方案时，决策专家的专业背景尽可能覆盖各个领域，综合考虑各专家的观点之后，在此基础上寻找各专家的最大均衡点，以保证生态预算方案是各领域专家的集体智慧结晶，而不是专家迎合地方政府部门妥协的产物。

（3）主体功能区生态预算方案层次分明

生态预算方案能覆盖宏观、中观、微观等各个层次，尤其是微观层面的企业、组织与公众，如果生态预算方案只是宏观与中观层面的生态预算，微观主体将会消极面对甚至采取对抗的姿态。事实上生态预算必须要微观主体主动参与才能有效实施；否则，生态预算方案很难落到实处。

2. 多元主体合作实施生态预算

（1）政府及其部门积极推动主体功能区生态预算

政府在生态预算决策中具有重大影响，需要政府各个职能部门支持才能有序开展。生态预算只有得到了地方政府主要领导的支持，由其负责推动，整个生态预算的阻力才会最小；否则，即使其他主体参与积极性比较高，进展也会比较缓慢。

（2）依托产业链或价值链执行生态预算

执行生态预算离不开微观主体，如果忽视这些微观主体之间的内在联系，执行生态预算的效率会大打折扣。只有依托产业链或价值链将这些微观主体联系在一起，通过产业链生态化和价值链生态化，使微观主体形成一个命运共同体，一荣俱荣、一损俱损，促使微观主体致力于构建、维护生态产业链、生态价值链，激活微观主体主动开展生态预算。

（3）多区域合作实施生态预算

主体功能区可能包括多个行政区，各行政区的主体功能区的类型相同，执行相似的生态预算方案，若各行政区的主体功能类型不同，则执行差异化的生态预算方案。

3. 及时对外披露生态预算信息

生态预算信息有价值信息与实物信息，有历史信息与预测信息，也有原始数据与加工后的信息。生态预算信息及时对外披露，除了使生态预算过程能及时接受全方位的外部监督之外，更多的是为了使相关主体积极合作参与执行生态预算提供足够的信息来源，激活生态环境投资的投资信心、消费者的消费欲望，有助于加快形成生态资源环境市场。

（二）提升主体功能区生态预算动态绩效

1. 以生态文明理念统领主体功能区各子系统发展

国家将生态文明提高到战略地位，要求主体功能区经济发展节约消耗自然资源环境、社会治理节约消费自然资源环境，形成经济发展生态化、社会治理生态化、自然资源环境管理生态化。

（1）经济发展生态化

经济发展生态化要求积极转变经济发展方式，倡导低碳经济发展方式，提高经济发展中消耗的土地、水与能源的利用效率。

（2）社会治理生态化

社会治理生态化要求社会居民消费方式从奢侈、浪费消费转变为文明消费，积极提高居民生活消费的土地、水的利用效率，严格控制自然资源的消费，尤其是不可再生自然资源的消费。

（3）嵌入复合生态系统管理生态环境

生态管理不能只停留于环境污染事后治理，要逐步转变为管理污染源，需要与经济发展方式转变、社会消费习惯转变相结合，当发展经济与治理社会产生的污染源能有序控制，生态管理也将转变为生态维护与保养为主。

2. 以协调理念贯穿于主体功能区生态预算全过程

主体功能区生态预算可以应用 DSR 框架。随着人类绿色消费观念越来越强，人类在确定自己的需求时将会自发地考虑自然资源环境的承载能力，使需求建立在不破坏生态平衡、不损害自然环境基础之上，人类的需求将是一种文明型需求，而不是一种破坏性需求，满足了人类文明需求可以提升居民的幸福感，可将提升居民幸福感视为生态预算的驱动力。每一个居民的幸福感层次对应存在一个包括经济品、社会品与生态品在内的稳定的文明需求结构，经济子系统、社会子系统与生态子系统协调、高效、可持续发展能为居民有效供给经济品、社会品与生态品。为了使居民的文明需求结构与三大子系统的产品供给结构有效对接，形成稳定可持续的供给需求机制，主体功能区必须具有很强的生态预算能力，高效配置自然资源，并执行配置计划。居民幸福感、区域协调发展是协调发展在居民文明需求、供给方面的体现，生态预算能力是维护、保证供需持续动态平衡的支撑力。

（三）提高环境资产与环境负债的转换效率

在环境资产与环境负债转化机理的基础上可以形成三种基本转化路径。

1. 环境资产内部的转化

在环境资产内部有两种不同方向的转化，分别是经济性环境资产向资源性环境资产转化、资源性环境资产向经济性环境资产转化。

2. 自发性转化

自发性转化是以资源性环境资产为主的环境资产与环境负债之间的转化，主要是依靠生态系统自身转化能力。

3. 诱导性转化

诱导性转化是以经济性环境资产为主的环境资产与环境负债之间的转化，主要是依靠政府强制性干预实施转化。

实践中很少会出现单一基本转化路径，一般是三种基本转化路径的组合路径，即二元转化路径、二次转化路径两种组合转化路径[175]。组合转化路径针对性更强，转化路径其实就是结合不同的主体功能区提出的，不同的主体功能区可以从二元转化、二次转化中选择合适的转化路径。

三、开展主体功能区生态预算绩效评价

（一）制定系统的主体功能区生态预算绩效评价标准

立足于主体功能区，以现有的绩效评价标准为基础，加工相关数据，形成主体功能区生态预算静态绩效评价标准、动态绩效评价标准、综合绩效评价标准以及配套措施评价标准。其中，静态绩效评价标准、配套措施评价标准以定性评价标准为主、定量评价标准为辅，并且能明确生态预算各发展阶段的具体评价标准；动态绩效评价标准、综合绩效评价标准以定量评价标准为主、定性评价标准为辅，视发展阶段、主体功能区类型确定动态绩效评价标准。与此同时，逐步完善以乡镇、村为基本单元的生态预算绩效评价标准，为开展各小区

范围的生态预算绩效评价提供标准，促进生态预算精细化。

（二）常态化实施生态预算审计

实施三位一体的生态预算审计，即在审计署、自然资源部、生态环境部等部委专设自然资源环境审计机构专门负责审计自然资源环境管理绩效；积极发展自然资源环境管理绩效社会审计，由独立的第三方实施；微观组织内部生态预算自我审计，归属于组织内审部门。三位一体的生态预算审计体系是全覆盖、全过程的实时审计，可以实现生态预算审计常态化。

（三）充分应用生态预算绩效评价结果

开展生态预算绩效评价的目的在于改进生态预算系统，促进主体功能区经济、社会与生态协调发展，生态预算问责只是生态预算绩效评价结果应用的一个环节，不是最终目标。各主体功能区要积极研究在开展生态预算绩效评价过程中所发现的问题，并寻找解决问题的对策，不断地改进、优化生态预算系统。另外，生态预算绩效评价结果为主体功能区内部、主体功能区之间开展横向转移支付提供直接依据。在单一主体功能区内部，先计算出各区域的生态预算绩效值，在此基础上确定横向转移支付的转出方与转入方；在不同主体功能区之间，先根据主体功能区类型确定横向转移支付的转出方与转入方，然后计算各区域的生态预算绩效值，确定转入、转出的具体金额。

第三节　本书研究的不足

本书研究中存在一些不足，主要是：①生态预算绩效评价指标有较大的改进空间。本书只是起一个抛砖引玉的作用，主体功能区生态预算绩效评价指标在后续研究中值得进一步斟酌。②评价指标权重后续值得进一步修正。指标权重采取层次分析法，受专家主观影响较大，综合绩效计算的权重主要是借鉴韩国富川市的经验，后续将结合我国具体主体功能区的情形，修正权重。③评价数据有待进一步完善。在评价长江三角洲地区 5 市、广西壮族自治区北部湾经济区 4 市、桂西资源富集区河池市 10 县时，受客观原因影响，采取某些年份的数据代表"十一五"期间、"十二五"期间，后续有必要完善数据，跟踪研究。

参考文献

［1］ W WILSON. The Study of Administration ［J］. Political Science Quarterly, 1887, （2）: 199.

［2］ G BOUCKAERT. New Public Leadership for Public Service Reform ［M］. Montreal and Kingston: McGill-Queen's Unversity Press, 2010.

［3］ E BARDACH. A Practical Guide for Policy Analysis: The Eightfold Path to More Effective Problem Solving ［M］. Washington D. C: CQ Press College, 2011.

［4］ C FORNELL. A National Customer Staisfaction Barometer: The Swedish Experience ［J］. Journal of Marketing, 1992 （56）: 10.

［5］ 马蔡琛, 赵青. 预算绩效评价方法与权重设计: 国际经验与中国现实 ［J］. 中央财经大学学报, 2018 （8）: 3-13.

［6］ 邱吉鹤. 政府绩效管理工具与技术 ［M］. 台北: 秀威资讯科技股份有限公司, 2013.

［7］ MELNYK S A, BITITCI U, PLATTS K, et al. Is Performance Measurement and Management Fit for the Future? ［J］. Management Accounting Research, 2014 （2）: 173-186.

［8］ ISAAC MWITA J. Performance Management Model: A Systems-based Approach to Public Service Quality ［J］. International Journal of Public Sector Management, 2003 （1）: 19-37.

［9］ J J HANS, K KAI, O PEDER. Customer Satisfactiong in European Food Retailing ［J］. Journal of Retailing and Consumer Services, 2002 （9）: 327.

［10］ J L BRUDNEY, R E ENGLAND. Urban Policy Making and Subjective Service Evaluation: Are The Compatible ［J］. Public Administeation Review, 1982 （42）: 127.

［11］ G A BOYNE. Concepts and Indicators of Local Authority Performance

［J］．Public Money &Management，2002（22）：17.

［12］J DOWNE，C GRACE，S NARTIN，et al. Theories of Public Service Improvement：A Comparative Analysis of Local Performance Assessment Frameworks ［J］．Public Management Review，2011（12）：663.

［13］白智立，南岛和久．试论日本政府绩效评估中的公众参与［J］．日本学刊，2014（3）：54-68.

［14］卢梅花．从政府目标管理走向绩效战略：以美国战略规划与绩效评价体系为例［J］．行政论坛，2013（2）：67-70.

［15］AUDIT COMMISSION. CPA-The Harder Test：Scores and Analysis of Performance in Single Tier and County Councils 2007［R］．Local Government National Report，February 2008.

［16］包国宪，周云飞．英国全面绩效评价体系：实践及启示［J］．北京行政学院学报，2010（5）：32-36.

［17］AUDIT COMMISSION. Care Quality Commission et. al. Audit Commission CAA Framework document［R］．Millbank London，February 2009.

［18］金明守．公共政策评价论［M］．韩国首尔：博英社，2000.

［19］方振邦，葛蕾蕾，李俊昊．韩国政府绩效管理的发展及对我国的启示［J］．烟台大学学报（哲学社会科学版），2012（3）：89-96.

［20］孔炳天．对基于综合绩效管理体系的绩效管理和评价的思考：以中央行政机关为中心［J］．韩国政策学会报（韩国），2008（3）：56-57.

［21］方振邦，金洙成．韩国地方政府绩效管理实践及其对中国的启示:以富川市构建平衡积分卡系统为例［J］．东北亚论坛，2010（1）：90-97.

［22］李乐．美国公用事业政府监管绩效评价体系研究［J］．中国行政管理，2014（6）：114-119.

［23］包国宪，周云飞．英国政府绩效评价实践的最新进展［J］．新视野，2011（1）：88-90.

［24］苗英娥．关于我国建立预算绩效评价体系的理论探讨［J］．财经论丛，2005（10）：20-22.

［25］徐建中，夏杰，吕希琛，等．基于"4E"原则的我国政府预算绩效评价框架构建［J］．社会科学辑刊，2013（3）：132-137.

［26］马国贤．论预算绩效评价与绩效指标［J］．地方财政研究，2014（3）：36-47.

［27］郑方辉，王彦冰．全面实施绩效管理背景的财政政策绩效评价［J］.

中国行政管理，2018（4）：19-26.

[28] 徐俊，周庆华. 创建财政绩效管理五层面评价体系的探索 [J]. 财政研究，2012（1）：59-61.

[29] 吴勋，张晓岚. 面向绩效预算的基层单位预算绩效评价指标体系规划 [J]. 经济问题，2008（9）：101-104.

[30] 孙洪敏. 地方政府绩效管理评价体系趋向性研究 [J]. 学术界，2017（8）：16-30.

[31] 容志. 浦东预算绩效评价指标检视：基于11个项目的分析 [J]. 中国行政管理，2010（10）：41-43.

[32] 上海财经大学公共经济与管理学院绩效管理与绩效评价课题组. 推进我国政府绩效管理与评价的五点建议 [J]. 学术前沿，2015（7）：62-71.

[33] 王凤春. 美国联邦政府自然资源管理与市场手段的应用 [J]. 中国人口·资源与环境，1999（2）：95-98.

[34] 诺曼·阿普霍夫. 求知于实践：以社区为基础的自然资源管理框架下的行动研究思考 [J]. 中国农业大学学报（社会科学版），2009（1）：178-182.

[35] EMIL SANDSTROM. The Institutional Landscape of Natural Resource Management：From Global to Local. The Lecture of Governance of Natural Resource [J]. Swedish University of Agricultural Sciences，Uppsala，2009.

[36] MICHAEL E. Kaft：Environmental Policy and Politics [J]. Pearson Education，2007.

[37] 卢小丽，赵奥，王晓玲. 公众参与自然资源管理的实践模式：基于国内外典型案例的对比研究 [J]. 中国人口·资源与环境，2012（7）：172-176.

[38] 大韩民国环境部. The 2nd soul Metropolitan Air Quality Management Plan（2015—2024）[R]. 2014.

[39] 王建萍，丹·凡德·郝斯特. 地方制度驱动的社区环境保护和自然资源管理：基于中国和泰国的多案例对比分析 [J]. 思想战线，2011（1）：33-38.

[40] A. 普雷姆詹德. 预算经济学 [M]. 周慈铭，何忠卿，李鸣，译. 北京：中国财政经济出版社，1989.

[41] ROBRECHT H，H FRIJS. The ecoBudget Guide ICLEI [R]. Vaxjo，Sweden：Vaxjo Kommun，2004.

[42] CRISTINA GARAILLO. Eco Budget as a Strategic Assessment Instrument [C]. Fourth European Conference for Sustainable Cities & Towns，Aalborg，Den-

mark, 2004 (6): 9-11.

[43] ROBRECHT H. Frijs H. The Eco-Budget Guide [R]. ICLEI, Vaxjo Kommun, Vaxjo, Sweden, 2004.

[44] THERESE ERSSON. Comparing ISO 14001 and Eco-budget as Models for Environmental Management Systems in Municipal Environmental Management [D]. Master of Science Thesis, Environmental Science Programe, 2003.

[45] 徐莉萍, 王雄武. 生态预算模式在中国的价值实现研究 [J]. 中国人口·资源与环境, 2010 (12): 87-91.

[46] 郝韦霞. 意大利费拉拉市实施生态预算的经验借鉴 [J]. 现代城市研究, 2013 (2): 107-110.

[47] 徐莉萍. 政府生态预算绩效评价调查研究 [J]. 会计研究, 2012 (12): 74-80.

[48] CRISTINA GARAILLO. Eco-Budget as a Strategic Assessment Instrument [C]. Aalborg, Denmark: Forum European Conference for Sustainable Cities&Towns, 2004: 1-9.

[49] 徐莉萍, 等. 生态预算研究述评与展望 [J]. 经济学动态, 2012 (10): 91-94.

[50] 张强. 美国联邦政府绩效评估研究 [M]. 北京: 人民出版社, 2009.

[51] 环境保护部环境保护对外合作中心环境金融咨询服务中心. 绩效评价国际经验与实践研究 [M]. 北京: 中国环境出版社, 2014.

[52] 卓越, 等. 公共部门绩效评估 (修订版) [M]. 北京: 中国人民大学出版社, 2011.

[53] EVALUATION AND OVERSIGHT UNIT. United Nations Environment Programme Evaluation Manual [Z]. 2008 (3).

[54] GEF. Guidelines for GEF Agencies in Conducting Terminal Evaluations [Z]. 2008 (3).

[55] YALE CENTER FOR ENVIRONMENTAL LAW & POLICY. CIESIN. 2008 Environmental Performance Index [R]. New Haven, 2007.

[56] 刘红梅, 王克强, 陈玲娣. 英澳林业预算绩效评价指标体系建设对中国的启示 [J]. 上海大学学报 (社会科学版), 2008 (3): 14-19.

[57] CRISTINA GARAILLO. EcoBUDGET as a Strategic Assessment Instrument [C]. Fourth European Conference for Sustainable Cities & Towns , Aalborg,

Denmark, 2004 (6): 15-22.

[58] 刘昆. 绩效预算：国外经验与借鉴 [M]. 北京：中国财政经济出版社, 2007.

[59] ENVIRONMENTAL PROTECTION AGENCY. National Estuary Program Evaluation Guidance [R]. Washington, DC, 2007.

[60] MOHAMED S T. The Impact of ISO14000 on Developing Dorld Businesses [J]. Renewable Energy, 2001 (3): 579-584.

[61] 傅沂, 隋广军. 生态管理的产业生态基础研究 [J]. 科学学与科学技术管理, 2005 (11): 86-91.

[62] 徐彦伟. 生态危机时代呼唤生态哲学理念下的生态管理 [J]. 社会科学战线, 2014 (3): 249-251.

[63] 叶榅平. 自然资源物权化与自然资源管理制度改革导论 [J]. 管理世界, 2012 (9): 178-179.

[64] 李文钊. 环境管理体制演进轨迹及其新型设计 [J]. 改革, 2015 (4): 69-80.

[65] 秋缬滢. 空间管控：环境管理新视角 [J]. 环境保护, 2016 (15): 9-10.

[66] 韩晓莉. 生态管理社会协同机制构建 [J]. 社会科学家, 2014 (7): 73-77.

[67] 董战峰, 王军锋, 穆玲玲, 等. 国家绿色供应链环境管理体系建设路径研究 [J]. 环境保护, 2017 (13): 51-54.

[68] 严金明, 王晓莉, 夏方舟. 重塑自然资源管理新格局：目标定位、价值导向与战略选择 [J]. 中国土地科学, 2018 (4): 1-7.

[69] 景杰. 政府生态管理绩效分析 [J]. 统计研究, 2014 (12): 101-102.

[70] 景杰, 董智. 地方政府生态管理绩效相对有效性评价：以江苏省为例 [J]. 中国统计, 2018 (9): 69-71.

[71] 景杰, 杜运伟. 政府生态管理绩效的多视角评价 [J]. 中国行政管理, 2015 (10): 47-51.

[72] 王倩. 主体功能区绩效评价研究 [J]. 经济纵横, 2007 (7): 21-23.

[73] 王志国. 关于构建中部地区国家主体功能区绩效分类考核体系的设想 [J]. 江西社会科学, 2012 (7): 65-71.

[74] 李军, 胡云锋, 任旺兵, 等. 国家主体功能区空间型监测评价指标体系 [J]. 地理研究, 2013 (1): 123-132.

［75］李旭辉，朱启贵．生态主体功能区经济社会发展绩效动态综合评价［J］．中央财经大学学报，2017（7）：96-105.

［76］赵景华，李宇环．国家主体功能区整体绩效评价模型研究［J］．中国行政管理，2012（12）：20-24.

［77］李涛，廖和平，潘卓，等．主体功能区国土空间开发利用效率评估：以重庆市为例［J］．经济地理，2015（9）：157-164.

［78］林丽群，李娜，李国煜，等．基于主体功能区的福建省城镇建设用地利用效率研究［J］．自然资源学报，2018（6）：1018-1028.

［79］环境保护部环境保护对外合作中心环境金融咨询服务中心．绩效评价国际经验与实践研究［M］．北京：中国环境出版社，2014.

［80］国务院．全国主体功能区规划［EB/OL］．（2011-06-08）［2019-12-20］．https：//baike. baidu. com/item/％E5％85％A8％E5％9B％BD％E4％B8％BB％E4％BD％93％E5％8A％9F％E8％83％BD％E5％8C％BA％E8％A7％84％E5％88％92/4148638？fr＝aladdin.

［81］孙久文，傅娟．主体功能区的制度设计与任务匹配［J］．重庆社会科学，2013（12）：5-10.

［82］PEARCE D W，TURENR R K. Economics of Natural Resources and the Environment［M］. Baltimore：Johns Hopkins University Press，1990.

［83］DALY H E. Beyond Growth the Economics of Sustainable Development［M］. Boston：Beacon Press，1996.

［84］严立冬，等．生态资本化：生态资源的价值实现［J］．中南财经政法大学学报，2009（2）：3-8.

［85］张孝德，梁洁．论作为生态经济学价值内核的自然资本［J］．南京社会科学，2014（10）：1-6.

［86］邓远建．生态资本运营机制：基于绿色发展的分析［J］．中国人口·资源与环境，2012（4）：19-24.

［87］张明军，汪伟全．论和谐地方政府间关系的构建：基于府际治理的新视角［J］．中国行政管理，2007（11）92-95.

［88］林尚立．国内政府间关系［M］．杭州：浙江人民出版社，1998.

［89］谢庆奎．中国政府的府际关系研究［J］．北京大学学报（哲学社会科学版），2000（1）：26-34.

［90］R. J. 斯蒂尔曼．公共行政学［M］．竺乾威，等译．北京：中国社会科学出版社，1988.

［91］张紧跟. 府际治理：当代中国府际关系研究的新趋势［J］. 学术研究，2013（2）：38-45.

［92］刘安国，张跃，张英奎. 新经济地理学扩展视角下的区域协调发展理论研究：综述与展望［J］. 经济问题探索，2014（11）：184-190.

［93］孙海燕. 区域协调发展机制构建［J］. 经济地理，2007（3）：362-365.

［94］刘君德. 中国转型期"行政区经济"现象透视：兼论中国特色人文—经济地理学的发展［J］. 经济地理，2006（6）：897-901.

［95］戴维·卡梅伦. 政府间关系的几种结构［J］. 国外社会科学，2002（1）：125-136.

［96］李长宴. 迈向府际合作治理：理论与实践［M］. 台北：元照出版公司，2009.

［97］刘祖云. 政府间合作：合作博弈与府际治理［J］. 学海，2007（1）：79-87.

［98］涂序彦. 论协调［J］. 科学学与科学技术管理，1981（5）：17-20.

［99］石意如. 主体功能区生态预算绩效评价基本框架研究［J］. 经济问题，2015（4）：116-120.

［100］王雍君. 公共预算管理［M］. 北京：经济科学出版社，2002.

［101］杨伟民. 实施主体功能区战略：构建高效、协调、可持续的美好家园［J］. 管理世界，2012（10）：1-17.

［102］吉田文和. 环境经济学新论［M］. 张坤民，译. 北京：人民邮电出版社，2011.

［103］王庆礼. 略论自然资源的价值［J］. 中国人口·资源与环境，2001（2）：25-28.

［104］凌志雄，等. 主体功能区政府生态环境预算绩效评价研究［J］. 湖南社会科学，2016（1）：120-125.

［105］黎昕，赖扬恩，谭敏. 国民幸福指数指标体系的构建［J］. 东南学术，2011（5）：66-75.

［106］P. 多兰，T. 比斯古德，M. 怀特. 我们真的知道自己幸福的源泉吗?：对经济文献中主观幸福感相关因素的回顾［J］. 谭金可，译. 国外理论动态，2013（12）：17-29.

［107］郑方辉. 幸福指数及其评价指标体系构建［J］. 学术研究，2011（6）：51-57.

［108］邹安全，杨威. 基于民生视角的城市居民幸福指数提升策略：以长

沙市为例 [J]. 中国行政管理, 2012 (11): 107-112.

[109] 石意如. 主体功能区生态预算 DSR 评价体系的构建 [J]. 财会月刊, 2016 (11): 58-62.

[110] 石意如. 主体功能区生态预算流程绩效评价研究 [J]. 广西社会科学, 2015 (2): 66-72.

[111] 周三多. 管理学 [M]. 北京: 高等教育出版社, 2005.

[112] 陈朝宗. 论制度设计的科学性与完善性 [J]. 中国行政管理, 2007 (4): 107-109.

[113] 吉田文和. 环境经济学新论 [M]. 张坤民, 译. 北京: 人民邮电出版社, 2011.

[114] 张倩, 邓祥征, 周青. 城市生态管理概念、模式与资源利用效率 [J]. 中国人口·资源与环境, 2015 (6): 142-151.

[115] CHAN J I. American Federal Budget Laws and Their Relevance to China. Perspectives on Budget Laws (tentative title) [J]. Edited by Ma Caicheng and Niu Meili Forthcoming, 2010.

[118] 石意如. 主体功能区生态预算绩效报告模式构建 [J]. 财会月刊, 2015 (4): 36-38.

[117] 全永波. 基于新区域主义视角的区域合作治理探析 [J]. 中国行政管理, 2012 (4): 78-81.

[118] 张康之. 论合作 [J]. 南京大学学报 (哲学社科版), 2007 (5): 114-125.

[119] JANET M, KELLY, WILLIAM C. Rivenbark, Performance Budgeting for State and Local Government [M]. Armonk, New York: M. E. Sharpe, Inc, 2003.

[120] 肖田野. 财政项目预算绩效评价指标体系的构建 [J]. 财会月刊, 2008 (12): 27-28.

[121] 财政部. 财政支出绩效评价管理暂行办法 [EB/OL]. (2011-04-02) [2019-12-20]. https://baike. baidu. com/item/%E8%B4%A2%E6%94%BF%E6%94%AF%E5%87%BA%E7%BB%A9%E6%95%88%E8%AF%84%E4%BB%B7%E7%AE%A1%E7%90%86%E6%9A%82%E8%A1%8C%E5%8A%9E%E6%B3%95/8515241? fr=aladdin.

[122] 郭兆晖. 生态文明建设和转变经济发展方式关系论: 基于生态经济学的框架 [J]. 当代经济研究, 2014 (6): 75-79.

［123］王茹，孟雪. 主体功能区整体绩效评价的原则和指标体系 ［J］. 福建论坛·人文社会科学版，2012（9）：40-45.

［124］宋建波，武春友. 城市化与生态环境协调发展评价研究：以长江三角洲城市群为例 ［J］. 中国软科学，2010（2）：78-87.

［125］刘满凤，宋颖，等. 基于协调性约束的经济系统与环境系统综合效率评价 ［J］. 管理评论，2015（6）：89-99.

［126］于思，高阳. 重点开发区建设绩效评价指标体系研究 ［J］. 广西民族大学学报（哲学社会科学版），2010（3）：110-112，150.

［127］陈文胜. 资源环境约束下中国农业发展的多目标转型 ［J］. 农业经济，2014（12）：3-9.

［128］刘燕妮，任保平，高鹏. 中国农业发展方式的评价 ［J］. 经济理论与经济管理，2012（3）：100-107.

［129］刘芳，张红旗. 我国农产品主产区土地可持续利用评价 ［J］. 自然资源学报，2012（7）：1138-1152.

［130］陈瑾瑜，张文秀. 低碳农业发展的综合评价：以四川省为例 ［J］. 经济问题，2015（2）：101-104.

［131］田伟，杨璐，姜静. 低碳视角下中国农业环境效率的测算与分析：基于非期望产出的 SBM 模型 ［J］. 中国农村观察，2014（5）：59-71.

［132］崔元锋，严立冬，陆金铸，等. 我国绿色农业发展水平综合评价体系研究 ［J］. 农业经济问题，2009（6）：29-33.

［133］彭艺，贺正楚. 资源节约型、环境友好型农业发展状况的混合聚类评价 ［J］. 经济与管理，2010（7）：19-22.

［134］潘丹，应瑞瑶. 中国两型农业发展评价及其影响因素分析 ［J］. 中国人口·资源与环境，2013（6）：37-44.

［135］张颖聪. 基于模型的农业生态环境评价研究 ［J］. 农业技术经济，2011（6）：53-60.

［136］刘燕妮，伍保平，高鹏. 中国农业发展方式的评价 ［J］. 经济理论与经济管理，2012（3）：100-107.

［137］彭艺，贺正楚. 资源节约型、环境友好型农业发展状况的混合聚类评价 ［J］. 经济与管理，2010（7）：19-22.

［138］陈瑾瑜，张文秀. 低碳农业发展的综合评价：以四川省为例 ［J］. 经济问题，2015（2）：101-104.

［139］严昌荣，梅旭荣，何文清，等. 农用地膜残留污染的现状与防治

[J]. 农业工程学报, 2006 (11) 269-272.

[140] 朱兆良. 农田中氮肥的损失与对策 [J]. 土壤与环境, 2000 (1)：1-6.

[141] 原环境保护部. 关于印发《国家生态文明建设示范村镇指标（试行）》的通知 [EB/OL]. (2014-01-20) [2019-12-23]. http：//www. mee. gov. cn/gkml/hbb/bwj/201401/t20140126_ 266962. htm.

[142] 国务院. 国务院关于印发"十三五"生态环境保护规划的通知 [EB/OL]. (2016-11-24) [2019-12-26]. https：//baike. baidu. com/item/% E5%9B% BD% E5% 8A% A1% E9% 99% A2% E5% 85% B3% E4% BA% 8E% E5% 8D%B0%E5%8F%91%E2%80%9C%E5%8D%81%E4%B8%89%E4%BA%94% E2%80%9D%E7%94%9F%E6%80%81%E7%8E%AF%E5%A2%83%E4%BF% 9D%E6%8A%A4%E8%A7%84%E5%88%92%E7%9A%84%E9%80%9A%E7% 9F%A5/20262924？fr＝aladdin.

[143] 陈军纪, 王雷, 刘彬, 等. 极旱荒漠生态系统健康评价：以安西国家级自然保护区为例 [J]. 干旱区资源与环境, 2015 (12)：98-103.

[144] 刘子刚, 赵金兰. 湿地生态系统健康评价研究：以黑龙江省七星河国家级自然保护区为例 [J]. 生态经济, 2009 (7)：150-153.

[145] 王昌海, 温亚利, 李霄宇. 秦岭自然保护区群成本效益研究：综合效益评价 [J]. 资源科学, 2012 (11)：2154-2162.

[146] 第十二届全国人民代表大会第四次会议. 中华人民共和国国民经济和社会发展第十三个五年规划纲要 [EB/OL]. (2016-03-16) [2019-12-23]. https：//baike. baidu. com/item/%E4% B8% AD% E5% 8D% 8E% E4% BA% BA% E6%B0%91%E5%85%B1%E5%92%8C%E5%9B%BD%E5%9B%BD%E6%B0% 91%E7%BB%8F%E6%B5%8E%E5%92%8C%E7%A4%BE%E4%BC%9A%E5% 8F%91%E5%B1%95%E7%AC%AC%E5%8D%81%E4%B8%89%E4%B8%AA% E4%BA%94%E5%B9%B4%E8%A7%84%E5%88%92%E7%BA%B2%E8%A6% 81/18607900？fr＝aladdin.

[147] 汪波, 方丽. 区域经济发展的协调度评价实证分析 [J]. 中国地质大学学报, 2004 (6)：52-55.

[148] 石培基, 杨银峰, 吴燕芳. 基于复合系统的城市可持续发展协调性评价模型 [J]. 统计与决策, 2010 (14)：36-38.

[149] 洪开荣, 浣晓旭, 孙倩. 中部地区资源—环境—经济—社会协调发展的定量评价与比较分析 [J]. 经济地理, 2013, 33 (12) 16-23.

［150］BYINGTON J R，CAMPBELL S. Should the Internal Auditor be Used in Environmental Accounting. The Journal of Corporate Accounting and Finance，1997（2）：139-146.

［151］CHIANG C，LIGHTBODY M. Financial Auditors and Environmental Accounting in New Zealand ［J］. Managerial Auditing Journal，2004（2）：224-234.

［152］Ajzen I. The Theory of Planned Behavior ［J］. Organization Behavior and Human Decision Processes，1991（50）：179-211.

［153］吴联生. 利益协调与审计制度安排［J］. 审计研究，2003（3）：16-21.

［154］SCHULTZ D E，BROWN R. Performance Auditing in Ohio a Customer Service Orientation ［J］. The Journal Government Financial Management，2003（2）：58-62.

［155］杨朝霞，张晓宁. 论我国政府环境问责的乱象及其应对 ［J］. 吉首大学学报（社会科学版），2015（7）：1-12.

［156］Jessica Fahlquist. Moral Responsibility for Environmental Problems-Individual or Institutional ［J］. Journal of Agricultural and Environmental Ethics，2009（2）：142-153.

［157］Michael Mason. The New Accountability：Environmental Responsibility Across Borders ［M］. London：Earthscan Ltd，2005.

［158］司林波，徐芳芳，刘小青. 生态问责制之国际比较：基于英、美、德、法、加、中的生态问责制 ［J］. 贵州省委党校学报，2016（3）：85-99.

［159］孙德超. 美国政府问责体系的结构功能及其经验借鉴 ［J］. 理论探索，2013（4）：23-27.

［160］司林波，徐芳芳. 德国生态问责制述评及借鉴 ［J］. 长白学刊，2016（5）：58-65.

［161］郑石桥，陈丹萍. 机会主义、问责机制和审计 ［J］. 中南财经政法大学学报. 2011（4）：129-134.

［162］石意如. 主体功能区生态预算问责体系的构建 ［J］. 财会月刊，2018（1）：55-59.

［163］吕侠. 论预算绩效问责机制的建构 ［J］. 中南财经政法大学学报，2013（1）：66-70.

［164］BEER S. The Viable System Model：Its Provenance，Methodolgy and Pathology ［J］. Journal of the Operational Research Society，1984（1）：7-25.

［165］石意如，等. 主体功能导向下的横向转移支付研究 ［J］. 财会月

刊，2016（1）：46-49.

　　［166］刘瑞娜，王勇.区域经济一体化：促进中国经济可持续发展的动力：基于"共同体"环境下的视角［J］.现代经济探讨，2015（1）：83-87.

　　［167］曲星.人类命运共同体的价值观基础［J］.求是，2013（4）：53-55.

　　［168］金应忠.试论人类命运共同体意识：兼论国际社会共生性［J］.国际观察，2014（1）：31-51.

　　［169］赵瑞美.平衡计分卡在我国政府部门绩效考核中的应用：以我国某保税区管委会绩效示标体系设计为例［J］.中国人力资源开发，2006（1）：87-91.

　　［170］中国资产评估协会.中评协关于印发《财政支出（项目支出）绩效评价操作指引（试行）》的通知［EB/OL］.（2014-04-30）［2019-12-26］.http：//www.icpanx.org.cn/WebSiteOut/012700/CJXX/content/11493.html.

　　［171］广西北部湾经济区规划建设管理办公室网站［EB/OL］.http：//bbwb.gxzf.gov.cn/.

　　［172］广西北部湾经济区规划建设管理委员会办公室.北部湾经济区"十二五"时期国民经济和社会发展规划［EB/OL］.（2015-07-25）［2019-12-26］.http：//gx.people.com.cn/n/2015/0725/c371361-25717391.html.

　　［173］广西壮族自治区人民政府.桂西资源富集区发展规划［EB/OL］.（2012-12-02）［2019-12-26］.http：//www.gxzf.gov.cn/zwgk/fzgh/zxgh/20121202-432302.shtml.

　　［174］王刚，袁晓东.我国海洋行政管理体制及其改革：兼论海洋行政主管部门的机构性质［J］.中国海洋大学学报，2016（4）：49-54.

　　［175］全永波，王斌.海洋环境跨区域治理的逻辑基础与制度供给［J］.中国行政管理，2017（1）：19-23.

　　［176］沈满洪.海洋环境保护的公共治理创新［J］.中国地质大学学报（社会科学版），2018（2）：84-91.

　　［177］原环境保护部.关于印发《国家环境保护标准"十三五"发展规划》的通知［EB/OL］.（2017-04-10）［2019-12-27］.http：//www.mee.gov.cn/gkml/hbb/bwj/201704/t20170414_411566.htm.

　　［178］曾婧婧，胡锦绣，朱和平.从政府规制到社会治理：国外环境治理的理论扩展与实践［J］.国外理论动态，2016（4）：85-92.

　　［179］KENNETH W. Abbott and Duncan Snidal, The Governance Triangle：Regulatory Standards and the Shadow of the State, in Walter Mattli and Ngaire Woodseds（ed.），The Politics of Global Regulation, Ngaire Woodseds ［M］. New Jersey：Princeton University Press，2009.

［180］MICHAEL P V. The Implications of Private Environmental Governance ［J］. Cornell Law Review，2013（99）：117.

［181］宋海鸥，毛应淮. 国外环境治理措施的阶段性演变：工业污染治理：以美、英、日三国为例 ［J］. 科技管理研究，2011（15）：45-49.

［182］DONNA J, WOOD B G. Toward a Comprehensive Theory of Collaboration ［J］. The Journal of Applied Behavioral Science，1991，27（2）：139-162.

［183］JENNIFER C. BIDDLE. Goal Specificity：A Proxy Measure for Improvements in Environmental Outcomes in Collaborative Governance ［J］. Journal of Environmental Management，2014，14（5）：268-276.

［184］杨振娇，闫海楠，王斌. 中国海洋生态环境治理现代化的国际经验与启示 ［J］. 太平洋学报，2017（4）：81-93.

［185］BASIL GERMOND, CELINE GERMOND-DURET. Ocean governance and maritime security in a placeful environment：The case of the European Union ［J］. Marine Policy，2016（66）：124-131.

［186］DONG OH CHO. Evaluation of the ocean governance system in Korea ［J］. Marine Policy，2006（30）：570-579.

［187］GUNNAR KULLENBERG. Human empowerment：Opportunities from ocean governance ［J］. Ocean & Coastal Management，2010，53（8）：405-420.

［188］JOANNA VINCE, ELIZABETH BRIERLEY, SIMMONE STEVENSON, et al. Ocean governance in the South Pacific region：Progress and plans for action ［J］. Marine Policy，2017（79）：40-45.

［189］陈莉莉，王怀汉. 美国超级基金制度对中国海洋环境污染治理的启示 ［J］. 中国海洋大学学报（社会科学版），2017（1）：30-35.

［190］张继平，熊敏思，顾湘. 中日海洋环境陆源污染治理的政策执行比较及启示 ［J］. 中国行政管理，2012（6）：45-48.

［191］DAUD HASSAN. Land Based Sources of Marine Pollution Control in Japan：A Legal Analysis. David C ［J］. Lam Institute for East-West Studies（LEWI），2011.

［192］龚虹波. 海洋环境治理研究综述 ［J］. 浙江社会科学，2018（1）：102-111.

［193］F DOUVERE. The Importance of Marine Spatial Planning in Advancing Ecosystem-based Sea Use Manggement [J]. Marine Policy, 2008 (32): 762-771.

[194] 潘新春，张继承，薛迎春. "六个衔接"全面落实陆海统筹的创新思维和重要举措 [J]. 太平洋学报，2012 (1): 1-9.

[195] 潘飞，郭秀娟. 作业预算研究 [J]. 会计研究，2004 (11): 48-52.

[196] 国务院. 国务院关于印发全国海洋主体功能区规划的通知 [EB/OL]. (2015-08-01) [2019-12-27]. http://www. gov. cn/zhengce/content/2015-08/20/content_ 10107. htm.

[197] 张庆龙. 业财融合实现的条件与路径分析 [J]. 中国注册会计师，2018 (1): 109-112.

[198] 王乐锦，朱炜，王斌. 环境资产价值计量：理论基础、国际事件与中国选择 [J]. 会计研究，2016 (12): 3-11.

[199] 徐莉萍，刘宁，张可. 财政约束下经济性、资源性资产与环境负债转换效率研究 [J]. 软科学，2016 (10): 36-42.

[200] 耿建新，唐洁珑. 负债、环境负债与自然资源资产负债 [J]. 审计研究，2016 (6): 3-12.

[201] BEAMS F A, FERTIG P E. Pollution Control through Social Cost Conversion [J]. Journal of Accountancy (Pre-1986), 1971, 132 (5): 37.

[202] 王丽民，刘永亮. 环境污染治理投资效应评价指标体系的构建 [J]. 统计与决策，2018 (3): 38-43.

[203] 严淑青，朱庆林，等. 环渤海湾海洋资源环境承载力定量研究 [J]. 海洋湖沼通报，2018 (6): 46-52.

[204] 盖美，钟利达，柯丽娜. 中国海洋资源环境经济系统承载力及协调性的时空演变 [J]. 生态学报，2018 (22): 7921-7932.

[205] 王帆，钱瑞. 我国企业环保投资效率评价分析：基于 2010—2014 年 704 家 A 股上市公司数据 [J]. 财经论丛，2017 (11): 45-52.

致谢

在本书的写作过程中，湖南大学工商管理学院博士生导师徐莉萍教授、武汉大学经济与管理学院博士生导师卢洪友教授对书中的评价指标设计提供了建设性修改意见，桂林航天工业学院管理学院向鲜花副教授全面实质性参与了优先开发区、重点开发区生态预算绩效评价指标体系设计与应用研究，在此表示感谢。此外，要感谢桂林航天工业学院管理学院张一纯院长、陈辉副院长、刘国巍副院长的大力支持。

本书还有很多不足之处，欢迎读者批评指正。关于主体功能区生态预算绩效的研究还有很多更好的视角与切入点，这是以后笔者努力的方向。

石意如

2020 年 4 月